蒙古族传统乳制品加工实用技术

MENGGUZU CHUANTONG RUZHIPIN JIAGONG
SHIYONG JISHU

宁云飞/主编

中国纺织出版社有限公司

图书在版编目(CIP)数据

蒙古族传统乳制品加工实用技术 / 宁云飞主编. --北京：中国纺织出版社有限公司，2023.11（2025.8重印）
ISBN 978-7-5229-1218-9

Ⅰ.①蒙… Ⅱ.①宁… Ⅲ.①蒙古族—乳制品—食品加工—生产工艺 Ⅳ.①TS252.4

中国国家版本馆 CIP 数据核字（2023）第 213892 号

责任编辑：毕仕林 国 帅　　　　责任校对：高 涵
责任印制：王艳丽

中国纺织出版社有限公司出版发行
地址：北京市朝阳区百子湾东里 A407 号楼　邮政编码：100124
销售电话：010—67004422　传真：010—87155801
http://www.c-textilep.com
中国纺织出版社天猫旗舰店
官方微博 http://weibo.com/2119887771
北京虎彩文化传播有限公司印刷　各地新华书店经销
2023 年 11 月第 1 版　2025 年 8 月第 2 次印刷
开本：710×1000　1/16　印张：13.25
字数：220 千字　定价：68.00 元

凡购本书，如有缺页、倒页、脱页，由本社图书营销中心调换

《蒙古族传统乳制品加工实用技术》编委会成员

主　　编　宁云飞(内蒙古自治区市场监督管理局)
副主编　　王齐田(内蒙古自治区市场监督管理局)
　　　　　雅　梅(锡林郭勒职业学院)
参　　编　(按姓氏笔画为序)
　　　　　代宇佳(内蒙古自治区市场监督管理局)
　　　　　包世元(锡林郭勒盟食品科学与检测实验中心)
　　　　　包劲松(阿拉善盟食品药品安全保障中心)
　　　　　朱建军(锡林郭勒职业学院)
　　　　　李天乐(内蒙古自治区市场监督管理局)
　　　　　肖　芳(锡林郭勒职业学院)
　　　　　张红梅(锡林郭勒职业学院)
　　　　　苑秀玲(内蒙古自治区市场监督管理局)
　　　　　郝苗苗(锡林郭勒盟食品科学与检测实验中心)
　　　　　侯敏杰(内蒙古自治区农牧业技术推广中心)
　　　　　徐伟良(锡林郭勒职业学院)
　　　　　徐艳伟(锡林郭勒盟食品科学与检测实验中心)
　　　　　郭　梁(锡林郭勒职业学院)
　　　　　郭元晟(锡林郭勒职业学院)

前　言

蒙古族喜食乳制品，其制作工艺源于古老游牧生活实践，有着上千年的历史，蕴含着蒙古族丰富的传统文化。在蒙古族的文化生活中，乳制品具有举足轻重的地位。无论庆典、祭祀等重大活动还是日常生活，人们都离不开乳制品。蒙古族传统乳制品是民族情感、个性特征和民族凝聚力的载体，在社会、经济、文化和政治方面有着重要的意义。

经过长期的生产生活实践摸索，蒙古族不同的传统乳制品各有其独特的制作方法。至今，其仍然保持着依靠自然菌种发酵及以传统手工生产为主的生产方式，几乎没有可完全工业化生产的产品，存在产品品质不可控、保质期短、质量千差万别、生产加工过程自动化程度低、劳动强度大等问题。随着国家产业政策的调整及城市化进程的加快，我国的人口结构、饮食结构和消费结构都发生了变化，对乳制品的需求不断增加，蒙古族传统乳制品的产业发展迎来了巨大的增长空间。

蒙古族传统乳制品的传统工艺是经上千年传承保留下来的珍贵宝库，整理、保护、挖掘、开发传统乳制品工艺是一项具有重要意义的工作。本书是在总结多年来地方特色乳制品生产研发经验的基础上，针对蒙古族传统乳制品从业人员关注的实际问题编写而成。书中主要内容包括蒙古族传统乳制品概述、手工坊、加工传统工艺、关键技术控制、机械化加工设备的使用、检验检测、食品安全地方标准等。该书旨在为蒙古族传统乳制品从业人员提供参考，为推动蒙古族传统乳制品产业发展作出积极贡献。

由于编写水平有限，加之时间仓促，书中疏漏、不足之处在所难免，敬请广大读者和同仁予以指正。

编者
2023 年 6 月

目 录

第一章　蒙古族传统乳制品概述 … 1
第一节　蒙古族传统乳制品的定义及相关术语 … 1
第二节　蒙古族传统乳制品的特性 … 3
第三节　蒙古族传统乳制品的营养价值 … 6
第四节　蒙古族传统乳制品的医疗保健价值 … 9

第二章　蒙古族传统乳制品手工坊 … 11
第一节　手工坊主要功能区的作用 … 11
第二节　手工坊主要功能区要求 … 12
第三节　手工坊主要功能区的流程布局 … 18

第三章　蒙古族传统乳制品加工工艺及关键技术控制 … 29
第一节　奶豆腐(浩乳德) … 29
第二节　毕希拉格 … 31
第三节　楚拉 … 32
第四节　酸酪蛋(阿尔沁浩乳德) … 34
第五节　奶皮子(乌乳穆) … 35
第六节　嚼克(桌禾) … 37
第七节　酸马奶(策格) … 38
第八节　希日陶苏(蒙古黄油) … 40

第四章　蒙古族传统乳制品机械化加工设备的使用 … 42
第一节　传统乳制品加工常用机械化设备 … 42
第二节　机械化设备的流程布局 … 56
第三节　机械化设备与传统手工设备比较 … 57

第五章　蒙古族传统乳制品检验检测 … 58
第一节　检验检测设备 … 58

第二节　检验检测项目 …………………………………………… 74
　　第三节　检验检测标准 …………………………………………… 129
　　第四节　预包装食品营养标签通则 ……………………………… 132
　　第五节　预包装食品标签通则 …………………………………… 147

第六章　蒙古族传统乳制品食品安全地方标准 …………………… 157

参考文献 ……………………………………………………………… 169

附　录 ………………………………………………………………… 173
　　附录1　生乳制民族传统奶制品生产许可审查细则（2020版）……… 173
　　附录2　食品安全地方标准　蒙古族传统乳制品生产卫生规范 ……… 199

第一章　蒙古族传统乳制品概述

第一节　蒙古族传统乳制品的定义及相关术语

一、定义

蒙古族传统乳制品是以生鲜乳为原料,利用蒙古族传统制作工艺生产的具有地方特色的乳制品。在本书中,蒙古族传统乳制品特指内蒙古地方特色乳制品,它以传统原料(牛乳、羊乳、马乳、驼乳等生鲜乳)、传统工艺、传统加工制作方法,不添加食品添加剂,生产加工符合相关法律法规及标准规范要求的,具有地方或民族特色的乳制品。

蒙古高原特定的自然环境和相应的生产生活方式造就了特殊的饮食文化。生活在这里的劳动人民,在漫长的劳动与实践中逐渐掌握了加工乳汁的技术,不断熟稔了乳汁发酵、取脂和固化等深加工技艺,创造了独具内蒙古地方和民族特色的传统奶食。

二、种类

从产品形态看,蒙古族传统乳制品分为固态、半固态、液态三类,其中固态类包括奶豆腐、奶皮子、酸酪蛋、毕希拉格、楚拉等,半固态类包括嚼克、黄油、达希玛格等,液态类包括策格(酸马奶)、奶酒、额德森苏(传统酸奶)等。经过千百年的历史传承与创新发展,蒙古族传统乳制品不仅形成多种多样的加工制作方式,也产生了多种多样的产品。从牛、羊、马、驼等鲜奶制品到各种各样的饮品、固体食品,精湛的加工技艺浸透着草原人民的劳动智慧。

三、术语

DB15/T 1983—2020规定了蒙古族传统乳制品的通用术语,包括产品术语和生产工艺术语两个部分。

1. 产品术语和定义

(1)浩乳德(奶豆腐)。

浩乳德是以生鲜乳为原料,经净乳、发酵、部分脱脂、加热、排乳清、凝乳块乳化、装模成型等蒙古族传统工艺制成的奶制品。

(2)毕希拉格。

毕希拉格是以生鲜乳为原料,经净乳、发酵、部分脱脂、加热、排乳清、成型、晾干,或以制作奶皮子剩余的脱脂熟奶为原料,经调制酸度、排乳清、成型、晾干等蒙古族传统工艺制成的奶制品。

(3)楚拉。

楚拉是以生鲜乳为原料,经净乳、发酵、部分脱脂、加热、排乳清、成型、晾干等蒙古族传统工艺制成的奶制品。

(4)阿尔沁浩乳德(酸酪蛋)。

阿尔沁浩乳德是以生鲜乳为原料,经净乳、接种、发酵、加热煮沸、排乳清、成型、晾干等蒙古族传统工艺制成的奶制品。

(5)乌乳穆(奶皮子)。

乌乳穆是以生鲜乳为原料,经净乳、加热煮沸、翻扬起泡、保温静置、冷却、干燥等蒙古族传统工艺制成的固体油脂层。

(6)嚼克。

嚼克是以生鲜乳为原料,经净乳、发酵、提取油脂、成熟等蒙古族传统工艺制成的奶油制品。

(7)淖鲁尔。

淖鲁尔是以生鲜乳为原料,经净乳、发酵、凝乳、提取稠油层与酸奶之间的稀油脂等蒙古族传统工艺制成的奶油制品。

(8)希日陶苏(蒙古黄油)。

希日陶苏是把嚼克或淖鲁尔浓缩、加热、分离油脂、提取液态的清澈油脂等蒙古族传统工艺制成的奶制品。

(9)策格(酸马奶)。

策格是以鲜马奶为原料,经净乳、接种、发酵、捣搅、冷却等蒙古族传统工艺制成的酸性马奶饮品。

(10)塔日格。

塔日格是以生鲜乳为原料,经净乳、发酵、捣搅、降低 pH 值等蒙古族传统工艺制成的浓稠型发酵乳。可直接饮用或制作艾日格。

(11)艾日格。

艾日格是以生鲜乳与乳清为原料,用塔日格作呼仁格(引子),经发酵、捣搅、降低pH值等蒙古族传统工艺制成的发酵乳。

(12)达希玛格。

达希玛格是以生鲜乳为原料,经发酵、部分排乳清、浓缩等蒙古族传统工艺制成的奶制品。

(13)额德森苏(传统酸奶)。

额德森苏是以生鲜乳为原料,经静态发酵、降低pH值等蒙古族传统工艺制成的发酵乳(也是制作奶酪类食品的原料)。

2. 生产工艺术语和定义

(1)自然发酵。

鲜乳于室温自然静态发酵,借助生鲜乳中本身自带的微生物在有氧或无氧条件下的生命活动来制备微生物菌体本身、或者直接代谢产物或次级代谢产物的过程,不添加其他菌种。

(2)脱脂。

脱脂是从水油分层的生鲜乳中去除油脂的操作。

(3)凝乳。

凝乳是指发酵或用某些酶处理而使乳汁凝结的部分,主要为酪蛋白。

(4)呼仁格(引子)。

呼仁格是蒙古族传统发酵工艺中增加发酵程度的可食用的有益菌种。

第二节 蒙古族传统乳制品的特性

一、浩乳德(奶豆腐)

奶豆腐是蒙古族牧民家中常见的奶食品。奶豆腐是一种使用生鲜牛乳经发酵、凝乳、排乳清而成的食物,大多数为乳白色的正方体或长方体,因像豆腐而得名。其乳香浓郁,味道微酸,也可添加白砂糖做成甜味奶豆腐。其常泡在奶茶中食用,拔丝奶豆腐是宴席上的一道风味名菜,还有煎奶豆腐、烤奶豆腐等多种食用方法。

奶豆腐是生鲜乳在自然发酵过程中酸度增加、pH值降低、酪蛋白逐渐达到其等电点,从而使蛋白质稳定性变差;在受热后,加上外力搅拌,蛋白质交联凝结,逐渐形成团状,再经模具成型、晾晒、凝固定型而成。

二、毕希拉格

毕希拉格是由生鲜乳经加热、部分脱脂、发酵、二次发酵、排乳清、凝乳成型、晾干,由制作奶皮子剩余的脱脂熟乳为原料经调制酸度、排乳清、凝乳成型、晾干等蒙古族传统工艺制成,前者称为慢酸法毕希拉格,后者称为快酸法毕希拉格。毕希拉格与奶豆腐相比,具有口味独特、质地细腻、易成型、易携带、不易变质等特点。熟乳制毕希拉格(快酸法毕希拉格)颜色呈深黄或浅棕色,奶香浓郁。

毕希拉格的形成原理与奶豆腐相似,只是使用的原料有所不同。毕希拉格的原料是熟乳,主要成分以蛋白质为主。

三、楚拉

生鲜乳经发酵后,撇去上浮的脂肪(嚼克),将剩余部分放入锅中,稍做加热,析出乳清后,将锅中的凝乳块盛入布袋中挤压排出多余的乳清,剩下凝固的奶渣,搓成小奶块后晾干,即成楚拉。

楚拉加工简单,营养成分丰富,呈不规则的小块状,属于干制奶酪。楚拉不怕日晒霜冻,保存期长,但松软度不如奶豆腐。据史料记载,古代蒙古人在迁徙、打猎或军队长途征战时,经常带上一些炒米和奶食,来解决野外的饮食问题。

楚拉的形成原理与奶豆腐相似,都是酪蛋白的凝结,但是楚拉不需要模具成型,只需随意搓制而成。

四、酸酪蛋(阿尔沁浩乳德)

酸酪蛋是一类具有特殊酸味的奶酪产品,因内蒙古地区地域广阔,其做法及名称叫法各有差异。以锡林郭勒盟为例,其根据制作方法的细微区别可分成生乳制酸酪蛋和熟乳制酸酪蛋。生乳制酸酪蛋颜色为浅乳黄色,因油脂含量相对较高,干制品较酥软,酸味适当,口感较好。熟乳制酸酪蛋是用提取奶皮子剩下的熟乳,制成酸奶再加工制成,颜色比生乳制酸酪蛋深,为深土黄色或棕色,是因为取出奶皮子后油脂含量较低,硬度也比生乳制酸酪蛋高,酸味较浓烈。酸酪蛋的形成原理和奶豆腐相似,也是由于蛋白质的凝结制作而成。

五、奶皮子(乌乳穆)

奶皮子是一种蒙古族传统高脂乳制品,常见的成品外形呈双层折叠的半圆形饼状,厚度大约为1 cm,因加工器具一般呈圆形,所以奶皮子的半径依加工器具而定,一般约为10 cm。其颜色微黄,表面有密集的气孔,可以直接食用,放入奶茶中和炒米一起食用,放入白粥中同吃,煎烤食用,自制三明治(将奶皮子夹在两片吐司面包中用微波炉或电烤箱加热)。另外在制作派、披萨、烤肉时,可以将奶皮子放在上面,用烤箱或火炉烤制后食用。

奶皮子的形成原理主要是生鲜乳在加热过程中,由于脂肪的膨胀以及乳液黏度的下降,促进脂肪上浮聚集到乳液面的上层。加热翻扬的过程使脂肪球膜蛋白发生变形,促进脂肪球膜的破裂,使其与内部脂肪分离。失去脂肪球膜的脂肪不稳定,很易凝结在一起,并吸附乳液中的酪蛋白、乳清蛋白而降低表面张力,使其形成更稳定的皮膜。因此,奶皮子不仅含有丰富的乳脂肪,而且含有一定的蛋白质。

六、嚼克

嚼克是生鲜乳发酵后,经夏季放在阴凉处、冬季放在暖炕上,自然漂浮在生鲜乳上层的乳白色稠状油制品,蒙古语称"桌禾",汉语称嚼克。嚼克奶味浓郁、营养丰富,其味酸甜、清凉爽口。嚼克中加入炒米、白糖搅拌均匀,即成一种鲜香浓郁、止咳耐饥的特色小吃,也是招待客人的上等美食。嚼克可以直接食用或勾兑奶茶,也可以用来蘸食,还是制作蒙古炸果子的最佳配料。

嚼克是生鲜乳在静置过程中,乳液中的脂肪酶会分解脂肪球膜蛋白,释放出自由脂肪球而导致脂肪聚合、上浮的结果。撇取出的上浮脂肪就是嚼克。嚼克的含油率高,是提炼黄油的主要原料。

七、酸马奶(策格)

酸马奶的传统制作方法是将新鲜马奶过滤后倒入专用木桶或大缸内,置于温度适宜的地方;接入或不接入制备好的发酵剂,每日用木棒捣搅数次使马乳温度在剧烈的震动、撞击中不断升高;将其置于温度适宜的地方,经过发酵,待马乳起泡后,再用洁净的纱布过滤数次,除去蛋白质沉淀,再发酵1~2天即可。

酸马奶是马奶在利用自然发酵或者添加发酵剂的基础上,经过数天发酵形成的既有酸度又有一定酒精度的饮品。

酸马奶作为蒙古族传统饮品之一,不仅在蒙古族饮食疗法中广为应用,而且在社会交际和祭祀礼仪中也发挥着重要作用。酸马奶的制作多在夏、秋两季,特别是七、八月的品质最佳。酸马奶的品质通常受其中乙醇含量与乳酸含量的比例影响,如果乳酸含量高于乙醇含量,则口味酸苦,且在贮存期间容易变质;如果乙醇含量高于乳酸含量,酒精浓度相对较高,则不宜饮用。乳酸菌在 40~45℃ 时易生长繁殖,而酵母菌在 20~25℃ 时易生长繁殖,因此温度升高时乳酸发酵量高,温度低时乙醇发酵占优势。秋季制作的酸马奶风味独特,除秋季马奶品质优良外,还与气温偏低有利于乙醇发酵有很大关系。

八、希日陶苏(蒙古黄油)

黄油营养极为丰富,是乳制食品之冠,在我国传统乳制品行业中占据着重要的地位,特别是手工作坊的黄油,风味别具一格,深受人们的喜欢。

黄油色泽鲜黄、色调均匀,季节不同黄油的颜色不同。夏季牲畜食天然绿草,乳品营养全面,制作出的黄油呈明黄色,甚至是金黄色;冬季牲畜食干草,乳品维生素含量下降,制作出的黄油呈黄白色。黄油具有独特的纯香味,整体光泽明亮、无斑点,组织光滑、细致均匀,有一定的黏稠度、硬度,并具有可塑性。黄油的贮藏期比较长,在阴凉、干燥处放置,贮藏期可长达一年以上。

黄油有多种食用方法,最常见的用法就是抹在土司上直接食用,也可以添加于咖啡和奶茶中饮用;可以用作烹饪食物的辅料,制作面食(黄油卷子、黄油饼子、黄油面包等)、甜点和糖果;可以用来炸鱼、煎生排、烤面包,可以用来炒蛋,味道独特;可以用来拌土豆泥,口感比单纯的土豆泥更嫩滑。

黄油具有增添热量的功能,寒冬季节人畜受寒冻僵时,常用灌饮黄油茶、黄油酒来解救。食用黄油老少皆宜,每次 10~15 g 即可,但是孕妇、肥胖者、糖尿病患者等不宜食用。

黄油的加工原理是水油分离,利用加热和搅拌的机械力,促使脂肪从水中分离出来,而形成黄油。

第三节　蒙古族传统乳制品的营养价值

蒙古族传统乳制品含有大量的蛋白质、脂肪酸、维生素、钙、磷及微量元素,人体必需氨基酸含量也较高,脂肪酸尤其是不饱和脂肪酸含量高,是老人小孩补充钙、磷、锌等元素的良好食品。

以牛乳为主要原料的蒙古族传统工艺乳制品,从营养成分角度可分为以凝乳酪蛋白为最终产品形式的高蛋白类乳制品和以乳脂为最终产品形式的高脂肪类乳制品。

以凝乳酪蛋白为最终产品形式的乳制品主要包括浩乳德(奶豆腐)、楚拉、毕希拉格、阿尔沁浩乳德等。这些高蛋白类乳制品中蛋白质含量一般可达30%～60%,脂肪含量为10%～20%,是人体补充优质蛋白质的良好食品。这类乳制品还含有丰富的钙、磷、镁、钠、钾等元素,其中以钙和钠的含量最高,是补钙的佳品。

以乳脂为最终产品形式的高脂肪类乳制品主要包括乌乳穆(奶皮子)、嚼克、希日陶苏(黄油)等。这类高脂肪乳制品的脂肪含量可达30%～99%,而蛋白质含量为1%～20%,含有丰富的脂肪酸,尤其是不饱和脂肪酸含量较高,是补充人体必需脂肪酸的良好食物来源。黄油等乳制品产量少,所以被视为上等食品。

一、浩乳德(奶豆腐)

奶豆腐是一种高蛋白质、高钙及富含微量元素的乳类食品,蛋白质含量一般大于30%,在微生物和酶的作用下蛋白质分解为肽、氨基酸等物质,其中含有较多的人体必需的氨基酸,尤其是亮氨酸和赖氨酸等,占氨基酸总量的36.10%～37.75%。这些小分子物质易于被人体消化吸收,是膳食中优质蛋白质的良好来源。

二、毕希拉格

毕希拉格成分以蛋白质为主,DBS15/005—2017中要求蛋白质含量≥26%,是一类蛋白质含量较高的传统乳制品。由于部分脱脂或不脱脂,其含有一定的脂肪成分。

三、楚拉

楚拉属于干制品,水分含量低,蛋白质含量高,DBS15/005—2017中要求蛋白质含量≥40%。

四、酸酪蛋(阿尔沁浩乳德)

酸酪蛋也叫奶干,是蒙古族非常喜爱的一种乳制品,它的水分含量较低,蛋白质含量达到40%以上。

五、奶皮子(乌乳穆)

奶皮子香甜油腻,富含脂肪、蛋白质、钙、铜,具有较高的营养价值。奶皮子脂肪酸含量丰富,约66%,特别是油酸含量最高,依次为棕榈酸、硬脂酸、肉豆蔻酸、亚麻酸、亚油酸等,是提供必需脂肪酸很好的来源,能促进脂溶性维生素的吸收。

六、嚼克

嚼克呈均匀一致的乳白色或微黄色,具有嚼克特有的滋味、气味,呈均匀一致的黏糊状,无正常视力可见的异物。嚼克的脂肪含量比牛乳增加了20~25倍,而其余的成分如非脂乳固体(蛋白质、乳糖)及水分都大幅降低。奶油在人体的消化吸收率较高,可达95%以上,是维生素A和维生素D含量很高的乳制品。

七、酸马奶(策格)

马乳是蒙古族、维吾尔族、哈萨克族等少数民族经常饮用的天然饮品之一。马乳为白色且稍带淡青色的乳悬液,口感微甜,pH值为7.0~7.2。与其他种类乳品相比,马乳的主要营养组成与人乳非常相近,蛋白质含量为1.7~2.2 g/100 g,脂肪为1.6 g/100 g,乳糖为6.8 g/100 g,灰分为0.3 g/100 g。蛋白质、乳糖、维生素、常量元素及微量元素种类含量丰富,并且还含有氨基酸和脂肪酸等营养物质。

马乳脂肪酸中的59%~63%为不饱和脂肪酸,含量比较高,其中亚麻酸含量比牛乳多15~18倍,具有抗菌作用的月桂酸比牛乳多1.5倍,而胆固醇含量比牛乳少3.2倍。此外,马乳的脂肪球比牛乳脂肪球小3倍,因此更易被人体吸收和利用。

马乳中含有维生素A、维生素B_1、维生素B_2、维生素B_3、维生素B_6、维生素B_7、维生素B_9、维生素B_{12}、维生素B_{13}、维生素B_{15}、维生素C、维生素K、维生素D、维生素E等多种维生素,其中维生素B_1、维生素B_2和维生素C含量较高,分别为0.095 mg/100 g、0.061 mg/100 g和25 mg/100 g。马乳中有丰富的矿物质,主要包括钾、钙、磷、钠、镁、锌、铜和铁,其中钙和磷的所占比例较高,而且钙磷比符合人体的需求。在人体必需的12种微量元素铁、锌、铜、锰、铬、钼、钴、硒、镍、钒、锡、锶中,马乳含有11种。

酸马奶是以鲜马乳为原料,经乳酸菌和酵母菌等微生物共同自然发酵形成的酸性低酒精含量乳饮品。在发酵的过程中,酵母菌和乳酸菌能够利用马乳中的物质代谢,生成使酸马奶活性增强的新活性物质,同时在代谢过程中会产生能够明显抑制金黄色葡萄球菌和大肠杆菌等致病菌污染的有机酸、乙醇等有抗菌作用的物质。

八、希日陶苏(蒙古黄油)

蒙古黄油是一种营养价值极高的传统乳制品,特别是脂肪含量较高,平均为96.87%,是提供必需脂肪酸、补充能量的良好食品。此外,其还含有维生素A、维生素D、维生素E、维生素B_1、维生素B_2、类胡萝卜素、磷脂、矿物质等,是维生素A的良好来源。

第四节 蒙古族传统乳制品的医疗保健价值

蒙古族传统乳制品不仅有食用价值,还有保健和药用价值,如在自然发酵乳中,乳酸菌产生的蛋白质水解酶,使蛋白质水解产生肽和必需氨基酸。酸乳中形成的许多高吸收率的钙、磷、铁等元素的乳酸盐,可预防婴儿佝偻病、防治老人骨质疏松症。

一、奶皮子的医疗保健价值

奶皮子的制作已有几千年的历史。早在公元6世纪30~40年代,北魏农业科学家贾思勰在其所著的《齐民要术》中记载道:"初煎乳时,上有皮膜,以手随即掠取,著别器中;泻熟乳著盆中,未滤之前,乳皮凝厚,亦悉掠取;明日酪成,若有黄皮,亦悉掠取。"其中所说的"皮膜""乳皮""黄皮"可以看作是奶皮子形成过程不同阶段的产物。奶皮子中的脂肪酸种类多,且含量高,其中油酸含量最高,依次为棕榈酸、硬脂酸、肉豆蔻酸、亚麻酸、亚油酸等。α-亚麻酸、亚油酸是人体所必需的脂肪酸,亚油酸还是合成脑磷脂的必需物质。奶皮子对婴儿的湿疹性皮炎有一定预防作用,因为在牛乳分离成奶油和脱脂乳时,近70%的磷脂存在于奶油中。可见,奶皮子是提供必需脂肪酸和磷脂的良好来源,是营养价值很高的乳制品。奶皮子不仅营养丰富,而且还有药用价值。元代《饮膳正要》说:"奶皮子属性清凉,有健心清肺、止渴防咳、毛发增色、治愈吐血之能。"奶皮子能够滋补身体,调理气血,护心通乳,提高免疫力。

二、酸马奶的医疗保健价值

酸马奶不仅营养丰富,还具有很高的医疗保健价值,其含有的酵母菌不仅参与乙醇发酵,还具有抑制结核杆菌的作用。这些由乳酸菌和酵母菌组成丰富的微生物资源能够产生多种的抑菌物质,使酸马奶在治疗肺结核、预防和治疗心血管病、肠道致病菌引起的胃肠道疾病及降血压、降血脂等多种人类常见病症治疗中得到了广泛的应用,具有多种医疗保健功效。

(1)酸马奶能够降低血糖含量、降低血液中胆固醇水平和预防贫血,从而起到预防心血管病等慢性病的作用。酸马奶富含能促进血液循环和改善血液黏稠度等作用的不饱和脂肪酸,可起到预防冠状动脉粥样硬化的功效。此外,酸马奶中含有丰富的维生素 B_1、维生素 B_2 和维生素 B_{12} 等维生素,能为人体提供丰富的维生素和矿物质等微量营养成分,从而起到了预防维生素缺乏症的作用。

(2)预防肠道致病菌引起的胃肠道疾病。酸马奶中含有丰富的微生物菌群,这些微生物在胃肠道内能抑制有害致病菌的生长,同时又能促进有益微生物菌群的生长繁殖,从而改善胃肠道的微环境,保持菌群平衡,可以预防致病菌引起的慢性肠道疾病。

(3)酸马奶发酵过程中乳酸菌和酵母菌会产生有机酸等多种具有抑菌活性的代谢物,这些物质对常见的食源性致病菌有较强的抑菌作用,并且酸马奶本身安全、无副作用。

(4)预防神经系统类疾病。酸马奶中富含的矿物质和微生物能有效调节神经系统的兴奋性,从而使酸马奶在预防神经系统类疾病中起到重要作用。

(5)酸马奶中的活性成分具有增强机体免疫力、抑制致癌前体物质转化为致癌物的功效,因此酸马奶可以预防癌症等疾病。有报道指出,长期饮用酸马奶可以预防乳腺癌。

(6)酸马奶还可以改善胰岛素的分泌机制、调节糖类的分解代谢,从而能够预防糖尿病。

三、黄油的医疗保健作用

(1)黄油富含脂肪,提供必需脂肪酸,促进脂溶性维生素的吸收,增加饱腹感。

(2)黄油富含铜。铜是人体健康不可缺少的微量营养素,对于血液、中枢神经、免疫系统、头发、皮肤、骨骼组织,以及肝、心等内脏的发育和功能有重要的影响,可促进身体发育。

(3)适量食用天然黄油可改善因食用不饱和脂肪酸或人造黄油而导致的贫血症状。

第二章　蒙古族传统乳制品手工坊

第一节　手工坊主要功能区的作用

蒙古族传统乳制品手工作坊按照生产工艺的先后顺序和产品特点主要分为收奶功能区(包括收奶区、净乳区、原料贮存区等)、发酵区、生产加工区、晾晒区(半成品贮存区)、包装区、成品贮存区、工器具消毒区、人员消毒区等功能区。各功能区的具体要求如下：

(1)收乳区：称量鲜乳重量，并对鲜乳的品质进行感官检测。

(2)净乳区：用净乳机或食品级滤袋去除鲜乳中杂质。

(3)原料贮存区：原料贮存区是存放生产加工原料的区域。适宜的贮存环境可以防止微生物的污染与化学劣变，可以确保原料的质量、营养价值，并降低损耗。

(4)发酵区：发酵是指借用微生物在有氧或无氧环境下的生命活动来制备微生物菌体本身、直接代谢产物或次级代谢产物的过程。发酵分为在适宜的温度和时间内使生鲜奶进行自然发酵和人工接种发酵，发酵可以提高生鲜乳的营养价值和形态风味，是传统乳制品制作的关键步骤。

(5)生产加工区：生产加工区是进行传统乳制品加工的主要区域，如奶豆腐制作中的搅拌、塑形脱模等工序在此区域进行。

(6)晾晒区：用于晾干或烘干产品的区域，如塑形完成后的奶豆腐、未成型的黄油等。

(7)包装区：用于产品包装的区域，SC企业车间还应有包装材料贮存间。

(8)成品贮存区：用于贮存加工包装完成的区域，通常配有冷藏冷冻设备，用于延长产品保存时间和保持产品的品质质量。

(9)其他区间：消毒间、工器具清洗间、洗手间等区间，用于工具清洗消毒，保障车间整体的无菌和卫生环境。

第二节　手工坊主要功能区要求

一、生产区域整体要求

(1)厂区应与有毒、有害场所、旱厕等污染源保持 25 m 以上的距离,与居室、厕所、牛棚等污染源有效隔离,保证不受污染。厂区周围没有粉尘、有害气体、放射性物质和其他扩散性污染源。厂房的布置应满足设备布局、工艺操作、设备维修、内部物流、清洁隔离、安全防火、防水、防虫、防鼠、防腐蚀、防尘、防霉、防潮、隔震、防噪声、保温、隔热、通风和采光等功能要求。

(2)厂区应合理布局,车间、仓库等应按生产流程布置,原料与成品、即食乳制品与非即食乳制品操作区域分隔,并尽量缩短运输距离,避免物料往返,例如成品库宜靠近包装间及厂区出入口。各功能区域设置应按工艺流程,有序而整齐地布置,同时各功能区间应按生产操作需要和各功能区间清洁度的要求进行分隔,划分明显,并有适当的分离或分隔措施。原料、半成品、成品、包装材料等应依据性质的不同分设贮存场所或分区域码放,并有明确标识,例如在地面上标记明显的标志线,防止交叉污染。宿舍、食堂、职工娱乐设施等生活区应与生产区保持适当的距离或分隔。

(3)全厂的货物、人员流动应有各自路线,力求避免交叉,合理加以组织安排。

(4)厂区环境整洁、地面平整、无积水、无异味、无杂物堆放,垃圾密闭式存放,并远离生产区域,使用密闭式排污沟渠。

(5)厂区面积与生产能力相适应,有足够的空间和场地存放设备、物料和产品,满足操作和安全生产要求。

(6)厂区内的道路应铺设混凝土、沥青或其他硬质材料,空地应采取必要措施,如铺设水泥、地砖或铺设草坪等方式,保持环境清洁,防止正常天气下扬尘和积水等现象的发生。厂区应有一定的绿化,但不应种植对生产有影响的植物,同时绿化面积不宜过大,应与生产车间保持距离,植被定期维护,防止虫害滋生。

(7)厂区应有防鼠、防蚊、防蝇、防虫害等设施,并准确绘制虫害控制平面图,标明捕鼠器、粘鼠板、灭蝇灯、室外诱饵投放点、生化信息素捕杀装置等放置位置。车间出入口应该设置风幕和灭虫灯,如果车间内空调不能长期开启,那么窗外应该安装防虫害纱窗。

(8)给水设施宜相对集中,靠近水源。厂区的排水宜结合厂区的地形、坡向和厂外市政排水系统的位置合理布局。

(9)动力、电力供应设施宜靠近负荷中心。

(10)厂房结构设计应按当地施工条件和材料供应情况,采用技术先进、经济合理、安全可靠、施工方便的结构形式。厂房主要区域结构形式可采用钢筋混凝土结构、轻钢结构、钢—钢筋混凝土结构(混合结构)和砌体结构。

(11)厂房建筑物及构筑物的抗震设防分类应符合国家标准 GB 50223《建筑工程抗震设防分类标准》,抗震设计应符合国家标准 GB 50011《建筑抗震设计规范》的有关规定。

(12)有合理的排水设施和废水处理设施,排水流向应由清洁程度要求高的区域流向清洁程度要求低的区域,排水系统入口应安装带水封的地漏,以防止固体废弃物进入及浊气逸出,并有防止废水逆流的设计。

(13)在有臭味及气体(蒸汽或有害气体)或粉尘产生而有可能污染食品的区域,应有适当的排除、收集或控制装置,通风口必须装有易清洗耐腐蚀网罩。有大量蒸汽、油气的加热工段,应采用足够能力排风设备,将蒸汽、油气排出车间。

(14)如果有包装物回收时,应设有足够的堆放场地,并应设置相应的卫生防护措施。

(15)在相同级别功能区间内,宜按工艺流程将相关设备集中布置。生产操作和储存的区域不得用作非本区域内工作人员的通道。

(16)洁净作业区与非洁净作业区、洁净区与室外相通的安全疏散门应向疏散方向开启,并应加设闭门器。安全疏散门不应采用吊门、专门、侧拉门、卷帘门以及电控自动门。洁净作业区划分如表 2-1 所示。

表 2-1 洁净作业区划分表

洁净作业区域	准洁净作业区域	一般作业区域
裸露待包装的半成品车间(冷却、晾晒、成型)、内包装车间等	加工车间、发酵间等	收奶站、原料贮存区、成品库等

二、原料贮存区域要求

(1)收奶区一般最好设在厂外奶源比较集中的地区,收奶站的收奶半径宜在 10 km 左右,新收的原料乳必须在 12 h 内送到厂,最好对运送过程进行远程监控,在收奶站设监控点实时监测,日收奶量视生产车间的规模大小而定。

(2)保持贮存区域的清洁和干燥,定期清洁地面、墙壁及货架等;立即清洁溢出原奶及渗漏原奶,以避免交叉污染;原料贮存仓库不得存放垃圾废物。

(3)将原奶贮存在已经清洁和消毒的专用容器中,储奶罐不得使用非食品级的塑料容器。容器距离墙面 5 cm 以上,并距离地面至少 5~15 cm 放置贮存。

(4)入库贮存的原奶应经过成分分析,每批有检验报告表明生乳符合 GB 19301《食品安全国家标准 生乳》的质量、安全要求,并严格执行索证索票制度,做好记录。兽药、重金属等有毒有害物质或者致病性的寄生虫和微生物、生物毒素等指标符合相关食品安全国家标准规定,无任何成分改变才可存入原料库中作为乳制品原材料。

(5)入库原奶应有台账及标签,记录原奶来源和入库时间,遵循先进先出的原则使用原奶。如有变质原奶或超出规定贮存时间的原奶应立即清除,清洁消毒专用容器后,才能将新的原奶倒入。

(6)出库原奶应登记,记录其用于哪些乳制品生产制作,便于产品追溯。

(7)原料贮存仓库应根据实际需要配备冷藏或冷冻设备。

(8)与原料直接或间接接触的所有设备与用具,应使用安全、无毒、无臭味或异味、耐磨损、防吸收、耐腐蚀且可承受反复清洗和消毒的材料制造,直接接触面的材质应符合食品相关产品的有关标准。

三、发酵间要求

(1)墙面平整、光滑、不起尘、便于除尘,墙角为圆弧倒角。顶棚平整、光滑、不起尘、便于除尘、减少凸凹。门窗便于清洗,为45°倒角。现场设备与墙面清洁无滴水、地面无积水。

(2)发酵间须定时清理、灭菌,防止杂菌污染。每天紫外灯照射 2 h 以上,地面每周清洗 1 遍(包括地沟、地漏)。非本区域工作人员不得随意进出本区域,以减少污染。

(3)应对发酵设备留有维修空间和地面排水口。

(4)设备、管道、工器具的材质应符合现行国家标准 GB 14881《食品安全国家标准 食品生产通用卫生规范》和 GB 12073《乳品设备安全卫生》的有关规定,还应设置设备、管道、工器具等清洗消毒设施和场地。

(5)所有设备、工器具的结构、固定设备的安装位置都应便于彻底清洗消毒。设备的安装不宜采用地脚螺栓。

(6)所有的容器和工器具必须为不锈钢或其他无毒害的惰性材料制作,发酵罐不得使用非食品级的塑料容器。直接接触生产原材料的易损设备,如玻璃温度计,必须有安全护套。与原料、半成品直接或间接接触的所有设备与用具,应使用安全、无毒、无臭味或异味、耐磨损、防吸收、耐腐蚀且可承受反复清洗和消毒的材料制造,直接接触面的材质应符合食品相关产品的有关标准。

(7)须原地清洗的设备应先用清水冲洗,然后使用清洗剂清洗。一般不得使用金属材料(如钢丝绒)清洗设备和工器具,特殊情况下必须使用金属材料清洗时,应严格防止金属物混入产品。清洗后的设备和工器具临用前应进行消毒。

四、生产加工区域要求

(1)生产车间门窗闭合严密,窗户内窗台应便于清洁,地面应采取易清洗的硬质材料,墙壁用无毒、无异味、不透水、平滑、不易积垢、易于清洁的材质铺设到顶,顶棚应防漏雨、防止灰尘积累、碎片脱落,并容易清洁。

(2)蒸汽、水、电等配件管路应避免设置于暴露食品的上方,如确需设置,应有能防止灰尘散落及水滴掉落的装置或措施。

(3)应能保证水质、水压、水量及其他要求符合生产需要,食品加工用水的水质应符合 GB 5749《生活饮用水卫生标准》的规定,食品加工用水与其他不与食品接触的用水应以完全分离的管路输送,避免交叉污染,各管路系统应明确标识以便区分。

(4)排水系统的设计和建造应保证排水畅通、便于清洁维护;排水系统的入口应安装带有水封的地漏等装置,以防止固体废物进入及浊气溢出;排水系统的出口应有适当的措施以降低虫害风险;室内排水的流向应由清洁度要求高的区域流向清洁度要求低的区域,且应有防止逆流的设计。

(5)应有适宜的自然通风或人工通风措施,必要时应通过自然通风或机械设施有效控制生产环境的温度和湿度,通风设施应避免空气从洁净度要求低的作业区域流向清洁度要求高的作业区域。合理设置进气口位置,进气口、排风口和户外垃圾存放装置等污染源保持适宜的距离和角度,进、排气口应装有防止虫害入侵的网罩等设施,通风排气设施应易于清洁、维修或更换。

(6)加工车间内应有充足的自然采光或人工照明,光泽和亮度应能满足生产和操作需要,光源应使食品呈现真实的颜色,如需在暴露食品和原料的正上方安装照明设施,应使用安全型照明设施或采取防护措施。

(7)应配备设计合理、防止渗漏、易于清洁的存放废弃物的专用设施,如车间内需要存放废弃物,废弃物存放设施应标识清晰。

(8)生产车间内接触乳品的设备、工器具和容器,必须采用无毒、无异味、抗腐蚀、易清洗、易消毒的材料制作（如食品级不锈钢、塑料），表面应光滑，无凹坑、裂缝。

五、半成品贮存区域要求

（1）内部隔断、顶棚、地面应采用符合卫生要求的材料制作。墙面及顶棚宜平整、光滑、不起尘、避免眩光、便于除尘、减少凸凹面。墙角踢脚不应突出墙面，圆弧倒角，施工缝隙应采取可靠的密封措施。门窗宜与内墙面齐平，不宜设置窗台。

（2）半成品贮存区要有足够的物品存放架，以保障半成品不直接放置在地面上，并且要保障半成品与墙壁、地面均有一定的距离，以利于空气流通及半成品的搬运。

（3）区域内的温度、相对湿度应与生产工艺相适应。空调设计净化级别应按生产工艺特性、生产过程中产品的裸露程度、灭菌方式、设备自带的防护设施等情况，进行综合配套确定，应按不同卫生要求设置相应等级的空气净化系统，并应保持正压。

（4）半成品要根据产品名称、数量、生产日期进行分类放置。定期检查，如有异常应及时处理，确保其品质处于良好状态，不会对其他半成品造成污染。

（5）区域内干净、整洁，有防鼠、防蝇、防尘、防潮措施，必要时对库房进行空气消毒。

（6）与半成品直接或间接接触的所有设备与用具，应使用安全、无毒、无臭味或异味、耐磨损、防吸收、耐腐蚀且可承受反复清洗和消毒的材料制造，直接接触面的材质应符合食品相关产品的有关标准。不得使用竹、木质工具。

（7）半成品贮存区应有空气杀菌、消毒净化处理设施。空气中的菌落总数应控制在 30 CFU/皿以下（按 GB/T 18204.3 中的自然沉降法测定）。

六、包装区域要求

（1）包装区域应当满足食品生产场所卫生标准，房屋屋顶、地面、门窗、墙壁等要求同生产加工区域相同。

（2）包装材料应清洁、无毒，满足 GB 4806.1—2016《食品安全国家标准 食品接触材料及制品通用安全要求》的规定。包装材料的使用应遵照"先进先出""效期先出"的原则，合理安排使用。

（3）食品包装材料应满足强度要求，能保证食品在贮存、堆放、运输的过程中不受力学破坏；满足阻隔性要求，能阻隔空气、水、油脂、尘埃等，保证食品品质和质量;满足营养性要求,有利于营养的保存,减少流失;满足安全性要求,不得含有对人体有害的物质,在开启、食用过程中不受伤害。

(4)包装操作必须在无污染的条件下进行。包装时应防止产品外溢或飞扬。

七、成品贮存区域要求

(1)成品贮存区域应依据生产产品的要求设立仓库,包括冷藏区、冷冻区、常温区等,每个区域宜装有能显示该区温度的温度计。同时在区域内设置通风设施,通常全部封闭,不宜开窗,仓库的门窗应能严密闭合。

(2)成品库的环境要求应满足要求,地面平整整洁,有防虫害设施,企业应制订清洁管理制度,定期清理清扫贮存库房,保证环境卫生。

(3)入库产品应进行观察,满足销售条件的才可入库,不满足条件的应立即剔除,做好入库登记,记录产品生产时间及入库时间,按产品种类和时间分类进行贮存,如7月1日生产的奶豆腐不得与6月30日生产的奶豆腐放在一起。

(4)入库的产品要上架,离地面至少5~15 cm,离墙面5cm以上,避免污染。

(5)库房应有专人看管,定期检查仓库设备和产品变化,如有产品在存储过程中发生腐败等情况,需要立即清理,并检查同批次产品情况,成品仓库不得存放垃圾废物。

(6)出库需做好出库记录,遵循先入先出的原则出库,如有再次冷藏或冷冻的产品,需要注明首次冷藏冷冻的时间。

(7)成品仓库的位置应便于运送车辆进出,方便产品装车运输,同时应与生产加工区域有隔断,保证生产区域整洁卫生。

八、其他区域要求

(1)应配备足够的食品、工器具和设备的专用清洁设施设备,必要时应配备适宜的消毒设施,应采取措施避免清洁、消毒工器具带来的交叉污染。清洁剂、消毒剂等应采用适宜的器具妥善保存,包装标识完整,应与原料、半成品、成品、包装材料等分隔放置。

(2)应配备设计合理、防止渗漏、易于清洁的存放废弃物的专用设施,车间内存放废弃物的设施和容器应标识清晰,必要时应在适当的地点设置废弃物临时存放设施,并依废弃物特性分类存放。

(3)生产场所或车间入口处应设置更衣室,必要时特定的作业区域入口处可按需要设置更衣室,更衣室应男女分设,并与洗手消毒室相邻,更衣室内应有适当的照明和良好的通风,更衣室应有足够大小的空间,以便员工更衣使用,应按员工数量设置更衣柜,应保证工作服与个人服装及其他物品分开放置。

(4)根据需要设置卫生间,卫生间的结构、设施与内部材质应易于保持清洁,卫生间内的适当位置应设置洗手设施,卫生间不得与生产、包装或存储等区域直接连通。

(5)清洁作业区域入口处应设置洗手、干手和消毒设施,如有需要,应在作业区内适当位置加设洗手和消毒设施,与消毒设施配套的水龙头其开关方式应为非手动式。洗手设施的水龙头数量应与同班次食品加工人员数量相匹配,必要时应设置冷热水混合器,洗手池应采用光滑、不透水、易清洁的材质制成,其设计及构造应易于清洁消毒,应在临近洗手设施的显著位置标示简明易懂的洗手方法。

(6)宜具备满足原料、半成品、成品检验所需求的检验设备、设施和试剂,检验人员、检验设备应与生产能力相适应。企业可以使用快速检测方法及设备进行产品检验,但应保证数据准确,应定期与食品安全国家标准规定的检验方法进行比对或者验证,当检验结果呈阳性或可疑时,应使用食品安全国家标准规定的检验方法进行确认。

第三节 手工坊主要功能区的流程布局

蒙古族传统乳制品的种类较多,生产加工也各有不同。以凝乳酪蛋白为最终产品形式的乳制品的加工流程相似,一般情况下是收奶站或原料贮存区负责生鲜乳的验收和保存,生鲜乳经过滤后送往发酵间进行发酵,生产加工区进行加工,如脱脂、熬制搅拌、分离乳清、热烫揉和、压榨成型等,加工后的半成品送往半成品贮存区进行晾晒、干燥等步骤,后送往包装车间进行包装和检验,最后送往成品库,入库保存等待发货。以乳脂为最终产品形式的高脂肪类乳制品,一般都有静置使乳脂上浮的程序,但是对于蒙古族传统乳制品,每一种产品又有各自的特殊加工工艺和流程,应当根据实际生产的需要合理安排车间布局。如奶豆腐的工艺流程为:原料验收→过滤→发酵→部分脱脂→熬制搅拌→分离乳清→热烫揉和→压榨成型→晾晒→干燥(干奶豆腐)→包装(检验)→成品入库。所以,其车间布局应为洗手更衣间→原料区→发酵区→加工区→晾晒区(半成品区)→包装区→成品仓库。其他如嚼克、奶皮子等加工也应根据其实际生产工艺流程合理安排车间的流程布局。车间布局流程图和部分系统示意图如图2-1~图2-10所示。

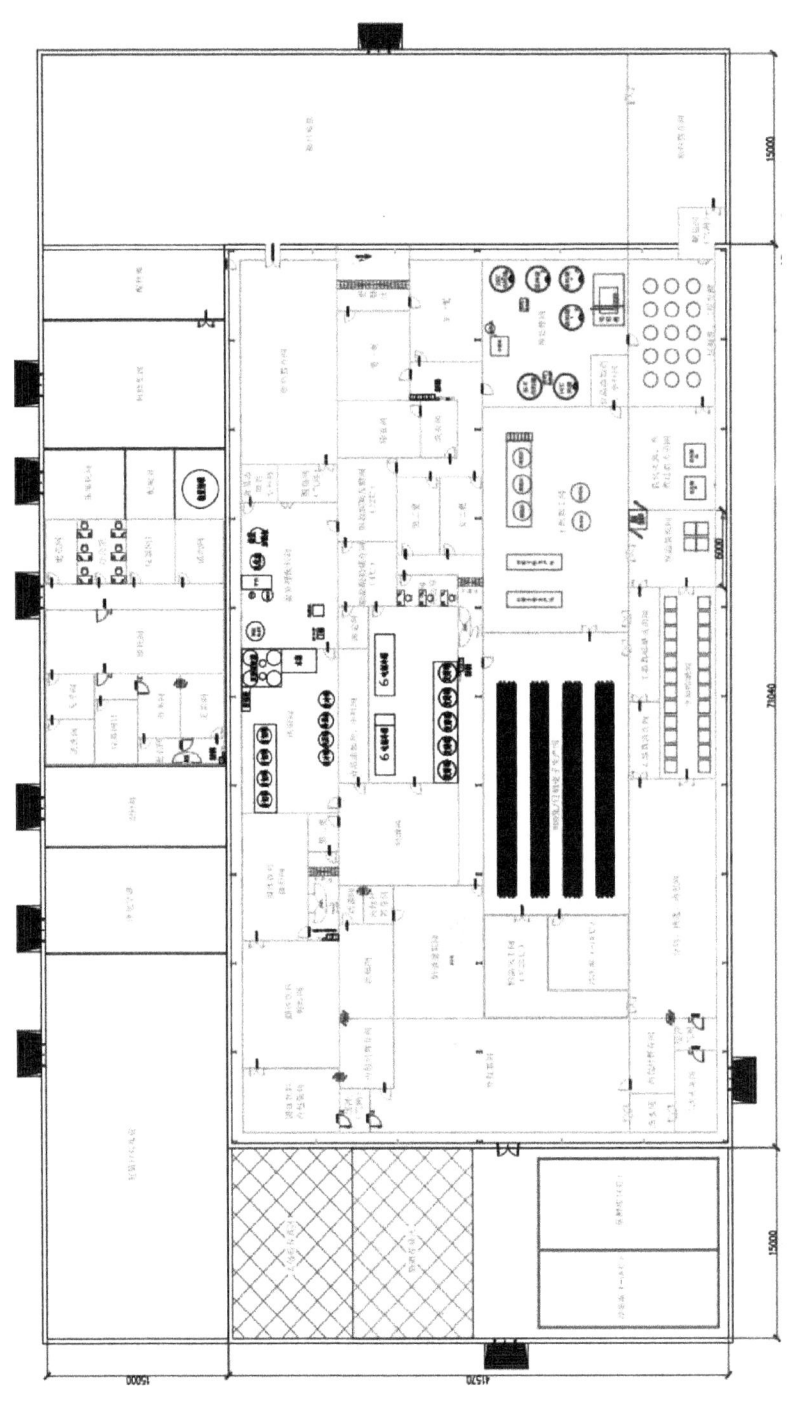

图 2-1 车间布局流程示例图（一）

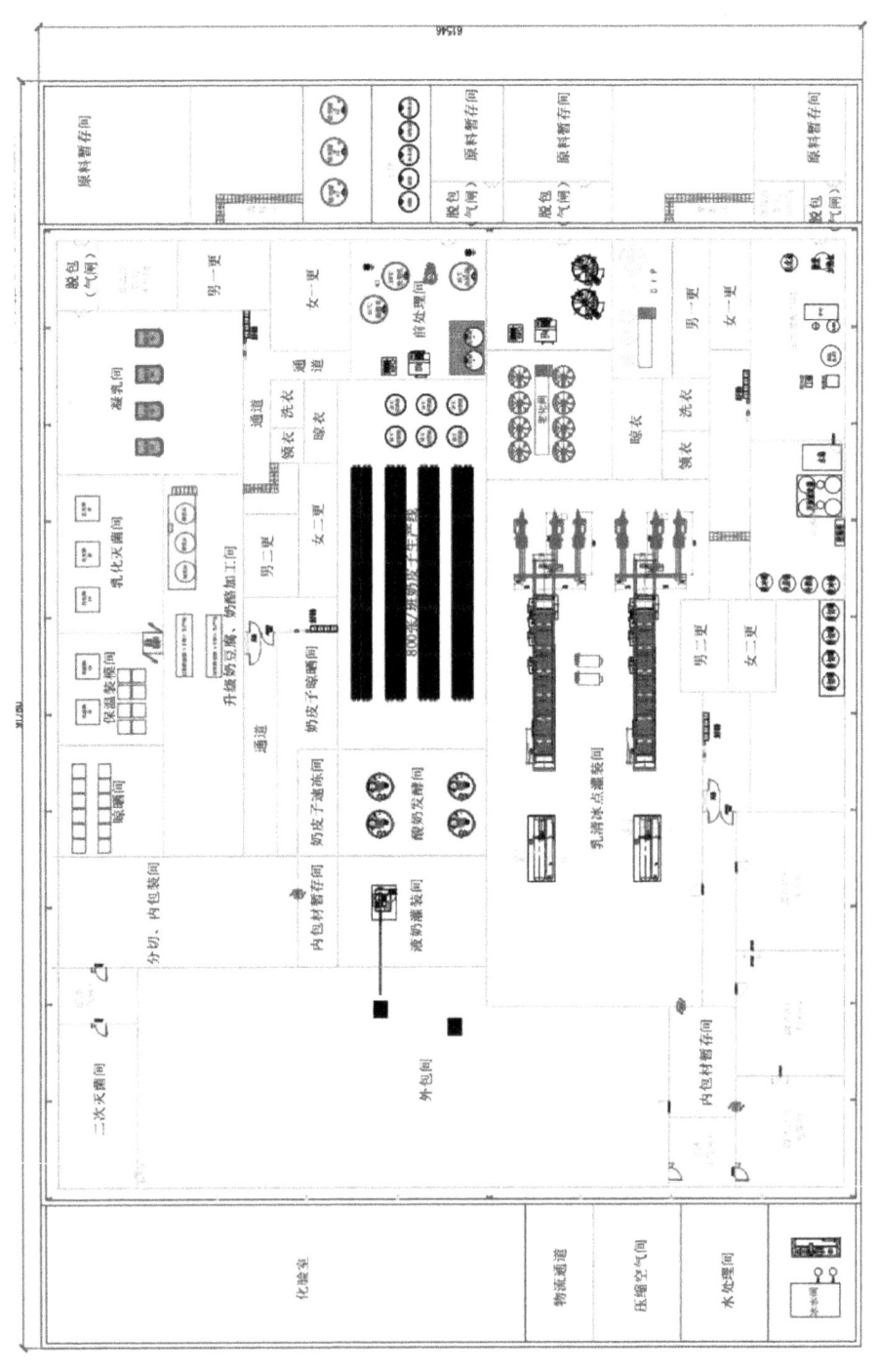

图 2-2 车间布局流程示例图（二）

图 2-3　车间布局流程示例图（三）

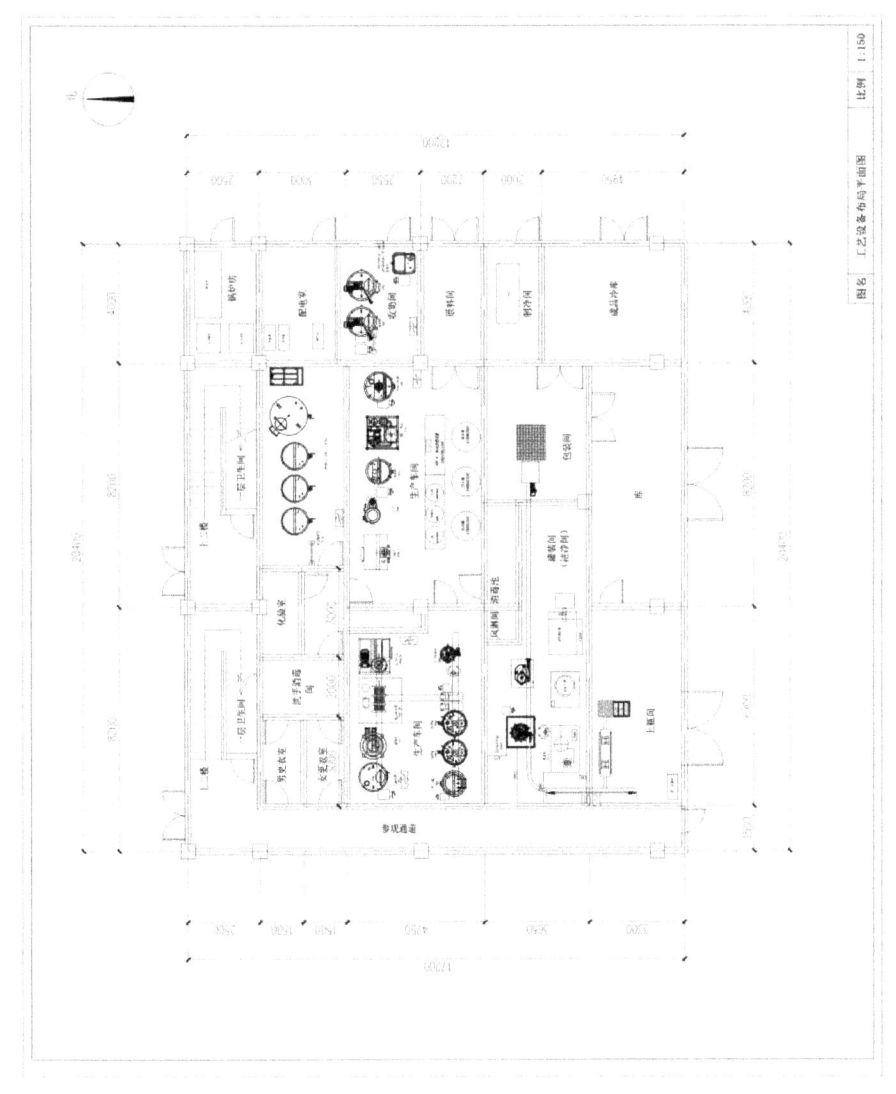

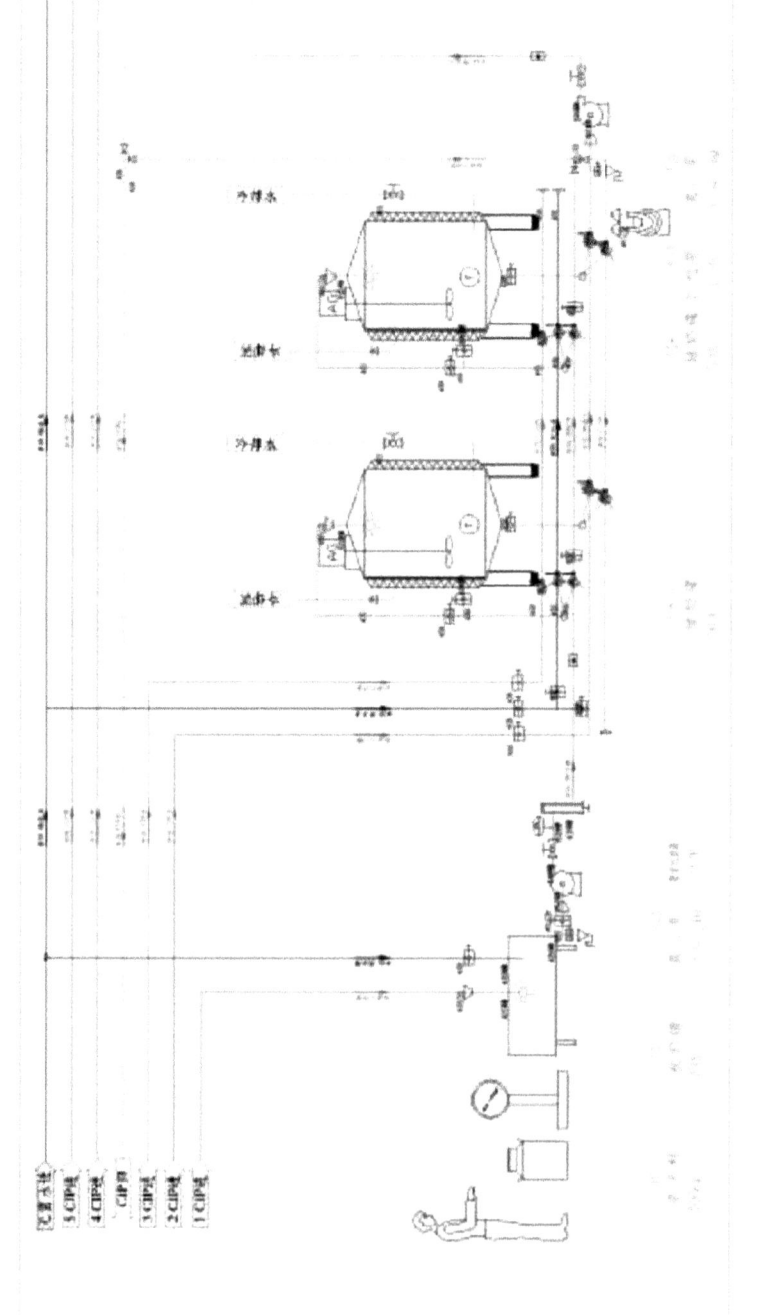

图 2-4 收奶储奶系统示意图

图 2-5　化料调配系统示意图

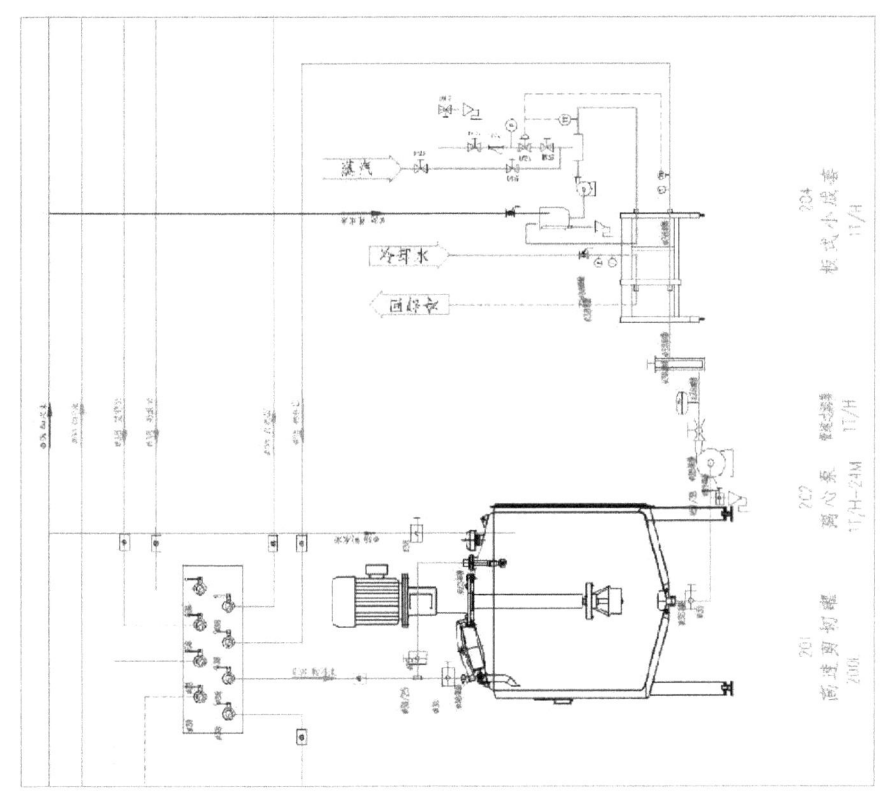

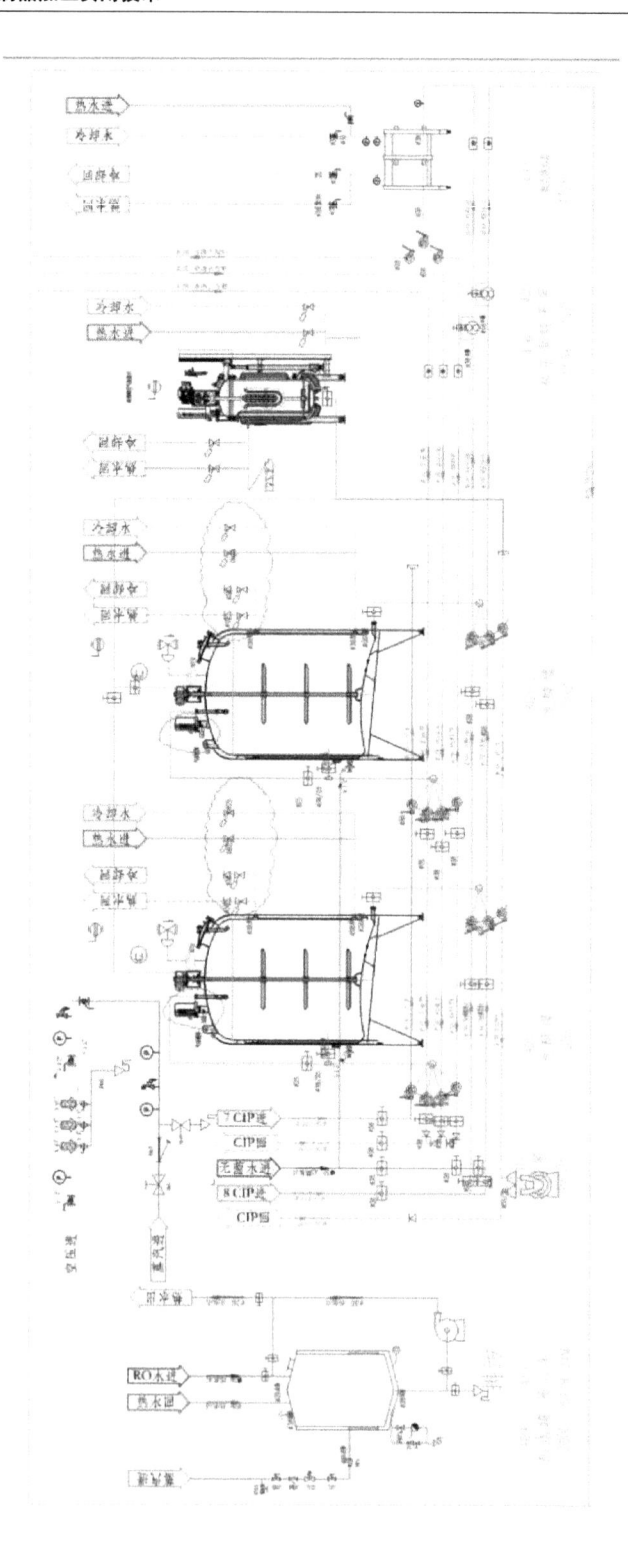

图 2-6 发酵系统示意图

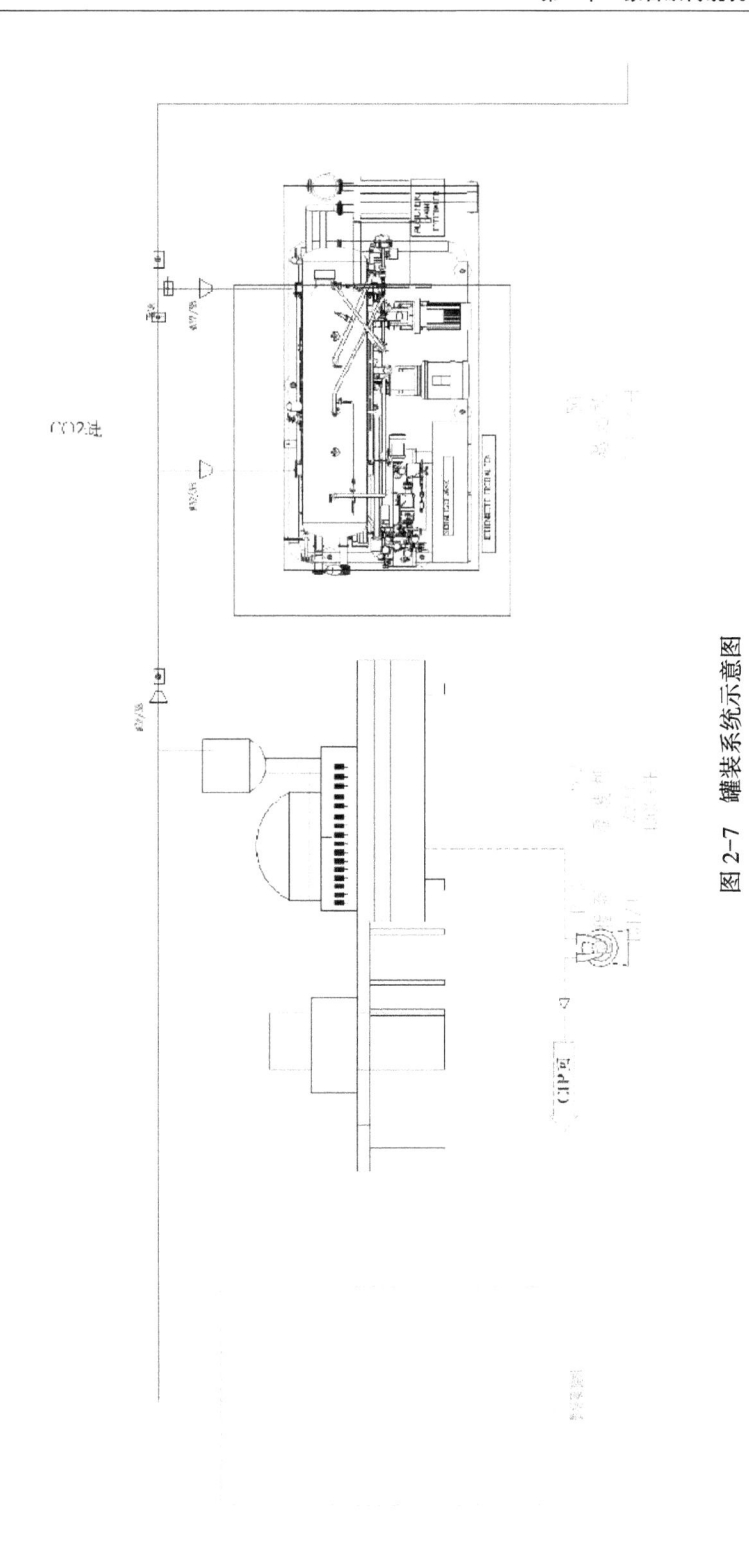

图 2-7 罐装系统示意图

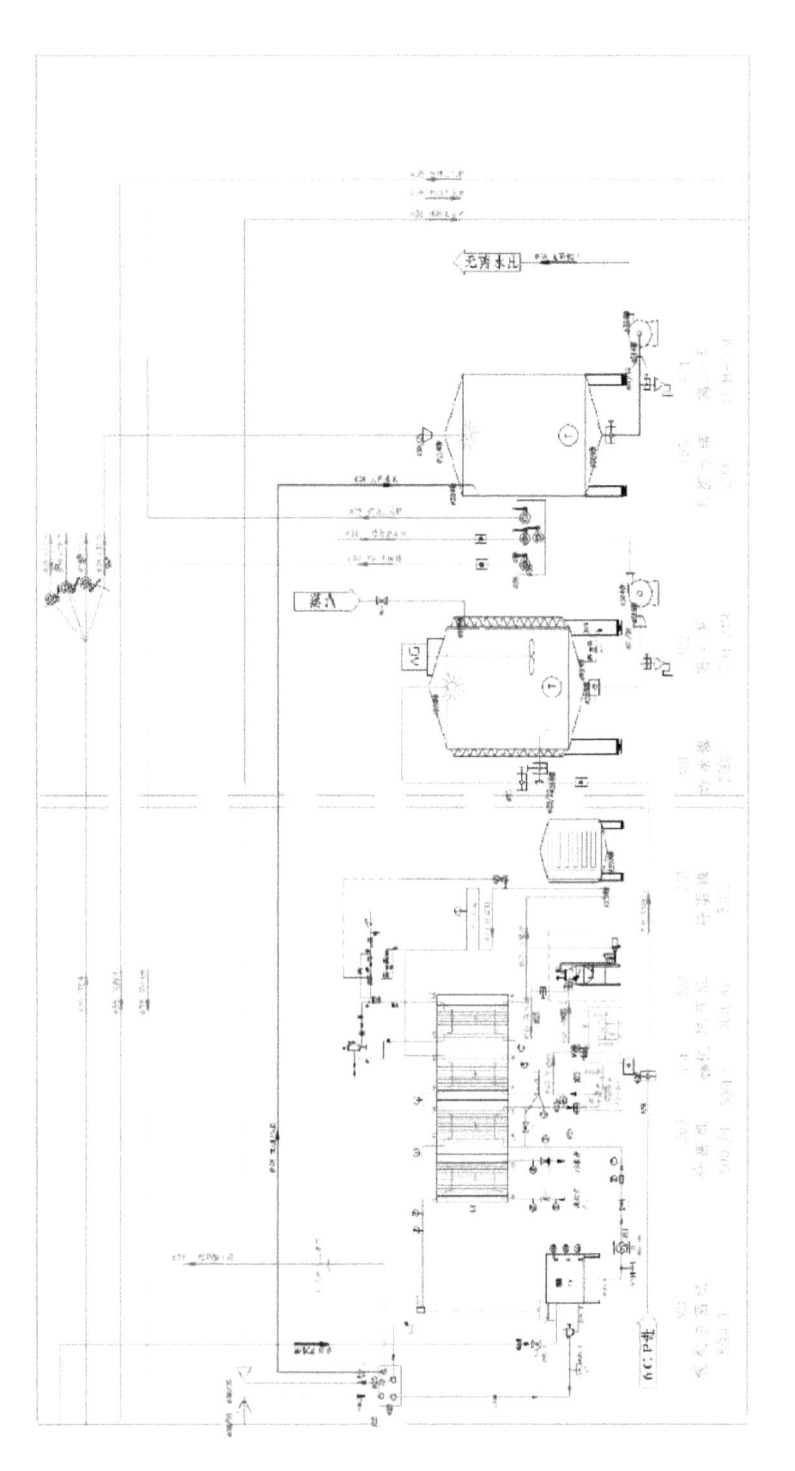

图 2-8 杀菌、脱气、均质、分离系统示意图

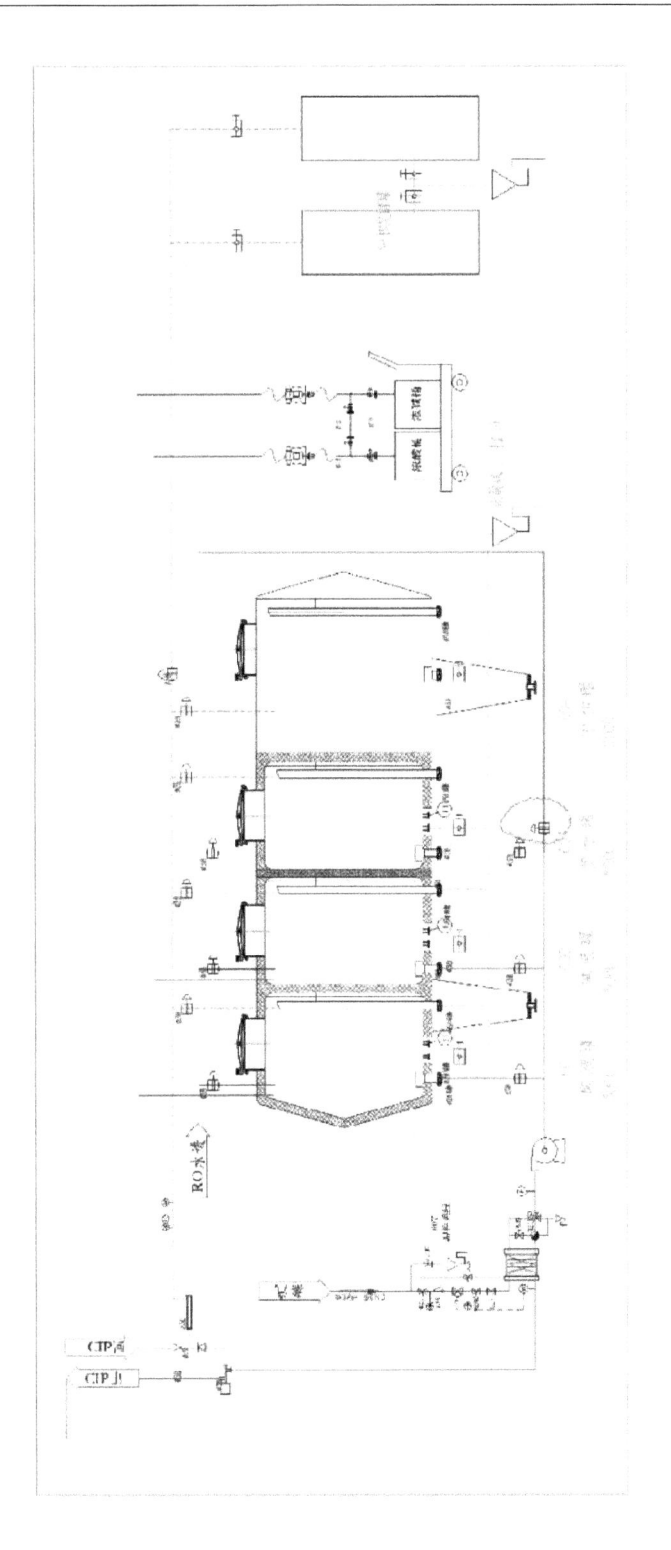

图 2-9　CIP清洗示意图

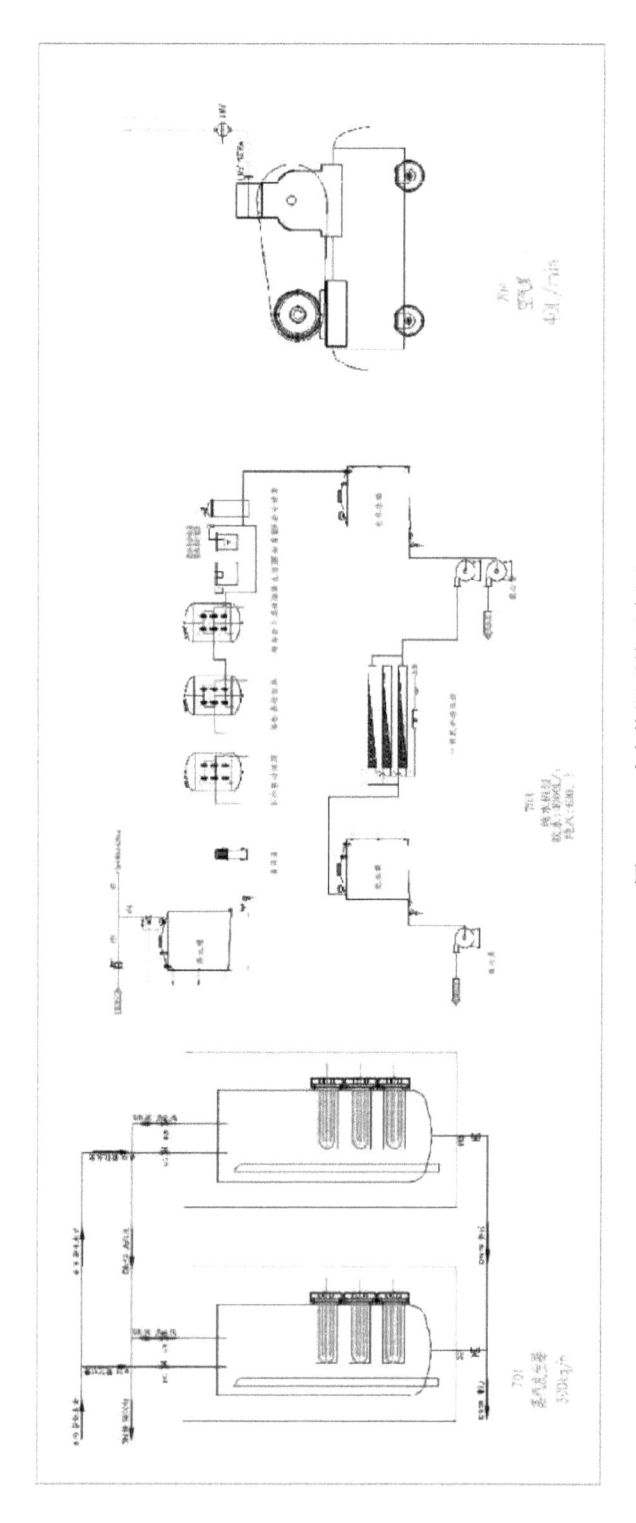

图 2-10 动力能源系统示意图

第三章 蒙古族传统乳制品加工工艺及关键技术控制

第一节 奶豆腐(浩乳德)

奶豆腐是以生鲜乳为原料,经传统工艺制作而成。奶豆腐因制作工艺、方法及选材等的不同,其品质特性和营养成分也因此存在地域性差异。目前,锡林郭勒盟正蓝旗察哈尔生产工艺制作的奶豆腐最为闻名,曾是清朝皇室重要贡品之一。

一、加工工艺流程

净乳→发酵→部分脱脂→加热→排乳清→凝乳块乳化→装模成型→晾干。

二、加工操作要点

(1)净乳:将刚挤出的生乳或4℃冷藏储存的生鲜乳,用多层纱布或食品级滤袋过滤,倒入清洗干净的发酵容器中。发酵容器清洗要彻底,晾干后方可盛装生鲜乳进行发酵。

(2)发酵:将净乳静置于发酵间进行自然发酵或接种呼仁格(引子)进行发酵。发酵温度控制在20℃左右,通常发酵时间为夏季1~2天,冬季2~3天。

(3)部分脱脂:将上浮的脂肪撇出,达到分离脂肪的目的,分离出的脂肪称为嚼克,可直接食用也可继续加工成黄油。

(4)加热:将发酵好的凝乳放入加热锅内开始加热升温,刚开始小火加热,将锅内温度升至40~60℃时,保持0.5~1 h。

(5)排乳清:当出现凝乳现象后,继续待乳清呈清澄透明的浅黄绿色,将乳清液撇除。

(6)凝乳块乳化:将加热温度提高到85~90℃,使其加热均匀并避免糊锅,这个过程需要不断搅拌揉和,用力均匀,并将析出的乳清撇除,直至凝乳酪蛋白形成胶体状,形似一块面团。

(7)装模成型:将胶体质的凝块乳放入木制或不锈钢的模具中,大多数模具是方形的,出来的奶豆腐为 0.5~1 kg,经自然冷却 1~3 h,即可倒模。

(8)晾干:倒模后的奶豆腐即可包装销售成为新鲜浩乳德,也可转移至干燥通风处继续晾晒后包装销售成为干制浩乳德。

三、加工关键技术控制

(1)自然发酵,应掌握好发酵间的环境温度和生鲜乳的发酵时间,发酵的环境温度应控制在 18~22℃,最高不高于 25℃,还应根据季节变化调整发酵时间。

(2)发酵末期,应及时观察发酵状态,将发酵酸度控制在 66~72°T。待接近发酵终点时,应提前 10 min 给搅拌锅升温预热。若发酵过度,可适当添加生鲜乳调节酸度至 66~72°T。

(3)对发酵乳加热排乳清,使酪蛋白充分凝乳,与乳清充分分离,在这一环节时先将发酵凝乳低温加热至 40~50℃,并轻轻搅拌,随时观察凝乳凝结状态和乳清颜色变化,当出现凝乳块与乳清分离的现象时,将温度控制在 50~60℃ 之间,继续保持 0.5~1 h,使凝乳与乳清进一步分离析出乳清。需要注意的是,如果加热温度过高,蛋白就会包裹乳清,导致奶豆腐品质变差。

(4)将搅揉温度升至 85~90℃ 后,一边排出乳清一边反复搅揉凝乳块,使凝乳块成形,以免温度过高出现糊味。

四、加工注意事项

(1)以生鲜乳作为原料,不添加食品添加剂及其他辅料,保证生鲜乳质量符合 GB 19301《食品安全国家标准 生乳》的有关规定,尤其是生鲜乳酸度应控制在 15°T 以内。

(2)生产工艺应符合 DB15/T 1984—2020《浩乳德(奶豆腐)生产工艺规范》的要求。

(3)应保持发酵环境清洁卫生,严格执行 DBS15/ 008—2016《食品安全地方标准 蒙古族传统乳制品生产卫生规范》的相关规定要求,发酵容器的材质应为食品级,用于生产加工的设备、器具应符合食品相关产品、工具、容器食品安全要求,每次使用前应当进行清洗、消毒、晾晒。

(4)晾晒环境应干燥通风,随时观察奶豆腐的晾晒程度,及时进行翻动,防止发霉变质。

第二节　毕希拉格

毕希拉格是以生鲜乳或采用制作奶皮子(乌乳穆)剩余的脱脂熟乳为原料,经发酵或调制酸度、加热、排乳清、压实成型、晾干等传统工艺制成的乳制品。毕希拉格可分为熟乳制毕希拉格和生乳制毕希拉格。熟乳制毕希拉格颜色呈深黄或浅棕色,奶香浓郁;生乳制毕希拉格颜色呈浅黄色,比熟乳制毕希拉格的脂肪含量高。

一、加工工艺流程

1. 生乳制毕希拉格加工工艺流程
净乳→发酵→部分脱脂→加热→排乳清→压实成型→晾干。

2. 熟乳制毕希拉格加工工艺流程
熬煮乌乳穆(奶皮子)剩余熟乳→调酸→加热→排乳清→压实成型→晾干。

二、加工操作要点

(1)净乳:将刚挤出的生乳或4℃冷藏储存的生鲜乳,用多层纱布或食品级滤袋过滤,倒入清洗干净的发酵容器中。发酵容器清洗要彻底,晾干后方可盛装生鲜乳进行发酵。

(2)发酵:将净乳静置于发酵间自然发酵或接种呼仁格(引子)进行发酵,发酵温度控制在20℃左右,通常发酵时间为夏季1~2天,冬季2~3天。

(3)调酸:将制作乌乳穆(奶皮子)剩余熟奶置于锅中,低温加热至40~50℃,加入酸奶或酸乳清调制酸度(酸度:66~72°T)。

(4)加热:将发酵好的凝乳块搅动切割成大块,放入加热锅内开始加热升温,刚开始小火加热,将锅内温度升至40~60℃时,保持0.5~1 h。

(5)排乳清:当出现凝乳现象后,继续待乳清呈清澄透明的浅黄绿色,使用器皿将乳清液排出。

(6)压实成型:将凝乳块放入食品级过滤袋,用重物压实排去剩余乳清,经过紧压成较硬固体状的凝乳块后,取出制成所需形状。

(7)晾干:在常温、干燥、通风的环境下晾干。

三、加工关键技术控制

(1)将发酵间的环境温度控制在18~22℃,最高不高于25℃,并掌握好发酵时间,加入酸乳会缩短发酵时间,一般生鲜乳与酸乳的比例在 10∶1 左右。

(2)凝乳倒入加热锅后应低温缓慢加热至 40~50℃,并轻轻搅拌,随时观察凝乳凝结状态和乳清颜色变化,至出现凝乳块与乳清分离现象,继续保持 0.5~1 h。

(3)一般使用边长为 40~50 cm 方形白色棉布压制凝乳块,使毕希拉格大小适中,也可根据需要改变棉布尺寸的大小;将凝乳块放入棉布后,应对棉布进行整形,使其尽量方正平整,密封包好凝乳块。

(4)使用重物压实凝乳块时两边用木板夹紧,以使乳清充分渗出。

四、加工注意事项

(1)以生鲜乳作原料,不添加食品添加剂及其他辅料,生鲜乳质量要符合 GB 19301《食品安全国家标准 生乳》的有关规定,尤其是生鲜乳的酸度应控制在 15°T 以内。

(2)生产工艺应符合 DB15/T 1985—2020《毕希拉格生产工艺规范》的要求。

(3)应保持发酵环境清洁卫生,严格执行 DBS15/ 008—2016《食品安全地方标准 蒙古族传统乳制品生产卫生规范》的相关规定要求,发酵容器的材质应为食品级,用于生产加工的设备、工器具应符合食品相关产品、工具、容器食品安全要求,每次使用前应当进行清洗、消毒、晾晒。

(4)棉布应当使用白色,不能带有颜色和花纹,以避免有色素渗入凝乳块或使表面粗糙,影响品质。

(5)晾晒环境应干燥通风,随时观察毕希拉格的晾晒程度,及时进行翻动,防止发霉变质。

第三节　楚拉

楚拉是以生鲜乳为原料,经净乳、发酵、部分脱脂、加热、排乳清、成型、晾干等传统工艺制成的乳制品。楚拉在加工过程中,未经模具定型,由加工者用手随意搓制成,没有固定的形状,均为小块,属于硬质干酪制品。

一、加工工艺流程

净乳→发酵→部分脱脂→加热→排乳清→成型→晾干。

二、加工操作要点

(1)净乳:将刚挤出的生乳或4℃冷藏储存的生鲜乳,用多层纱布或食品级滤袋过滤,倒入清洗干净的发酵容器中。发酵容器清洗要彻底,晾干后方可盛装生鲜乳进行发酵。

(2)发酵:将净乳静置于发酵间自然发酵或接种呼仁格(引子)进行发酵,发酵温度控制在20℃左右,通常发酵时间夏季1~2天,冬季2~3天。

(3)加热:将发酵好的凝乳块搅动切割成大块,放入加热锅内开始加热升温,刚开始小火加热,将锅内温度升至40~60℃时,保持0.5~1 h。

(4)排乳清:当出现凝乳现象后,继续待乳清呈清澄透明的浅黄绿色,使用压泵或其他器皿将乳清液排出。

(5)成型:将凝乳块放入食品级过滤袋,用重物压实排去剩余乳清,经过紧压成较硬固体状的凝乳块后,取出制作成所需形状。

(6)晾干:在常温、干燥、通风的环境下晾干。

三、加工关键技术控制

(1)自然发酵环节,原料乳应当静置,发酵间应阴凉干燥,避免阳光直射,温度控制在18~22℃。要掌握好发酵的环境温度和发酵时间,环境温度最高不高于25℃,还应根据季节变化调整发酵时间。

(2)发酵末期,应及时观察发酵状态,将发酵酸度控制在66~72°T。待接近发酵终点时,应提前10 min给搅拌锅升温预热。若发酵过度,可适当添加生鲜乳调节酸度至66~72°T。

(3)将凝乳加热至40~60℃,保持0.5~1 h,使酪蛋白充分凝结,与乳清充分分离,需要注意的是,如果加热温度过高,蛋白就会包裹乳清,导致奶豆腐品质变差。

(4)将搅揉温度升至85~90℃后,一边排出乳清一边反复搅揉凝乳块,直至形成大小不一的凝乳块,最终使凝乳块的水分含量达到10%左右。

四、加工注意事项

(1)以生鲜乳为原料,不添加食品添加剂及其他辅料,生鲜乳质量符合GB 19301《食品安全国家标准 生乳》的规定,尤其是生鲜乳的酸度应控制在15°T以内。

(2)生产工艺应符合 DB15/T1986—2020《楚拉生产工艺规范》的要求。

(3)应保持发酵环境清洁卫生,严格执行 DBS15/008—2016《食品安全地方标准 蒙古族传统乳制品生产卫生规范》的相关规定要求,发酵容器的材质应为食品级,用于生产加工的设备、工器具应符合食品相关产品、工具、容器食品安全要求,每次使用前应当进行清洗、消毒、晾晒。

(4)楚拉的干燥所需时间较长,在晾干过程中,切勿进行光照,并保持环境卫生清洁,无灰尘、无杂质落入,要注意经常翻动,以免霉菌生长。

第四节 酸酪蛋(阿尔沁浩乳德)

酸酪蛋(阿尔沁浩乳德)是以生鲜乳为原料,经净乳、发酵、加热煮沸、排乳清、成型、晾干等传统工艺制成的乳制品。阿尔沁浩乳德是酸酪的一种,在加工方法、风味及外形与浩乳德有一定区别,是一种在内蒙古东部地区广泛制作和食用的传统乳制品。

一、加工工艺流程

净乳→接种→发酵→加热煮沸→排乳清→压实成型→晾干。

二、加工操作要点

(1)净乳:将刚挤出的生乳或4℃冷藏储存的生鲜乳,用多层纱布或食品级滤袋过滤,倒入清洗干净的发酵容器中。发酵容器清洗要彻底,晾干后方可盛装生鲜乳进行发酵。

(2)接种:在发酵容器中添加净乳后的生鲜乳或含有少量乳清的生鲜乳,边搅拌边加入接种发酵成熟的呼仁格(引子),接种量以10%~15%为宜。

(3)发酵:发酵温度应控制在20℃左右,发酵期间每天进行多次捣搅,每次捣搅次数应在50次以上,次数越多发酵越好。

(4)加热煮沸:将发酵好的凝乳放入加热锅内加热升温至90℃左右,再降温至40~50℃。

(5)排乳清:将凝乳装入食品级过滤袋排除乳清,或用器皿将乳清盛出。

(6)压实成型:将凝乳块放入食品级过滤袋,用重物压实排去剩余乳清,经过紧压成较硬固体状的凝乳块后,取出制作成所需形状。

(7)晾干:在常温、干燥、通风的环境下晾干。

三、加工关键技术控制

(1)将发酵间的环境温度控制在 18~22℃,最高不高于 25℃,长期发酵注意每天添加一定量的生鲜乳并进行充分捣搅,每天进行多次捣搅,每次捣搅次数应在 50 次以上,次数越多发酵越好。

(2)在发酵和捣搅的过程中要使用纱布等可起到隔档作用的物品密封住发酵桶(罐、缸)口,以避免异物进入,并防止酸奶在捣搅过程中溢出。

(3)重物压实凝乳块时两边用木板夹紧,以使乳清充分渗出。

四、加工注意事项

(1)以生鲜乳为原料,不添加食品添加剂及其他辅料,保证生鲜乳质量符合 GB 19301《食品安全国家标准 生乳》的规定,尤其是生鲜乳酸度应控制在 15°T 以内。

(2)生产工艺应符合 DB15/T 1987—2020《阿尔沁浩乳德(酸酪蛋)生产工艺规范》的要求。

(3)应保持发酵环境清洁卫生,严格执行 DBS15/ 008—2016《食品安全地方标准 蒙古族传统乳制品生产卫生规范》的相关规定要求,发酵容器的材质应为食品级,用于生产加工的设备、工器具应符合食品相关产品、工具、容器食品安全要求,每次使用前应当进行清洗、消毒、晾晒。

(4)棉布应当使用白色,不能带有颜色和花纹,以避免色素渗入凝乳块或使表面粗糙,影响品质。

(5)晾晒环境应当干燥通风,随时观察酸酪蛋的晾晒程度,并经常进行翻动,防止发霉变质。

第五节 奶皮子(乌乳穆)

奶皮子又称乌乳穆,是以生鲜乳为原料,经净乳、加热煮沸、翻扬起泡、保温静置、冷却、干燥等传统工艺制作而成的一种传统高脂乳制品。其外形一般是厚约 1 cm、半径约 10 cm,对折成半圆形饼状物,颜色微黄,表面有密集的蜂窝状麻点。加工奶皮子的过程中应严格把控加热的火候和翻扬搅拌的次数,以充分促进脂肪的上浮。

一、加工工艺流程

净乳→加热沸腾→翻扬起泡→保温静置→冷却→取奶皮→干燥→成品。

二、加工操作要点

(1)净乳：将刚挤出的生乳或4℃冷藏储存的生乳，用多层纱布或食品级滤袋过滤，倒入清洗干净的容器中。

(2)加热沸腾：将过滤后的生鲜乳放入加热锅内边加热边搅拌，将乳液温度控制在85~95℃，以免焦煳，逐渐加温直至乳液小沸。

(3)翻扬起泡：温火小沸后，用勺子不停地翻扬，在翻扬的过程中尽量使其浮起足够多的奶泡。翻扬后，将火力逐渐调小。

(4)保温静置：当乳液表面产生大量的气泡后，停止翻扬，继续调小火力，使乳液温度降至45~50℃，以文火保温静置4~6 h。在保温过程中，乳液面水分逐渐蒸发并形成皮膜，随时间的延续，皮膜增厚。

(5)冷却：保温静置完成后，停止加热，室温下自然冷却，这时乳脂肪继续上浮，但速度相对较慢，在乳的表面逐渐形成一层厚厚的油层，油层面呈蜂窝状，直至蜂窝状表皮油层有一定硬度，即为奶皮子。

(6)干燥、成品：为了便于贮存，将奶皮子对折取出后放置于晾晒架上在阴凉通风处晾晒，自然干燥后即为成品。

三、加工关键技术控制

(1)生鲜乳经称量、过滤后加热，用勺子翻扬至乳液表面形成大量泡沫，这样制成的奶皮子厚而多皱，品质风味更佳。

(2)熬制奶皮子要掌握好火候，为增加油层厚度，及时铲下粘贴在锅边上的油脂部分并多次添加生奶。火候的大小直接影响到奶皮子的品质，火小了奶皮子单薄，火大了奶皮子有焦味，只有火候适中才能取得较厚的奶皮子。因此，要保持适度的加热，并且不停地搅拌以防煳底，直至生鲜乳稍稍有点滚沸时，用勺子不停地上下翻扬，并适量地添加生鲜乳，直到乳液表面泛起大量的泡沫为止。

(3)揭取奶皮子时，要待乳液表面上浮的乳脂层冷却，用小刀沿锅边将奶皮子与锅壁分离，然后将其从锅中取出，整个过程动作要舒缓，轻取轻放，防止奶皮子发生破裂，并沿中间将圆形奶皮子对折成半圆形，置于晾晒架上。

(4)在揭取奶皮子之前也可以添加少量的糖于乳脂层上，使奶皮子略带甜味。

四、加工注意事项

(1)以生鲜乳为原料,不添加食品添加剂及其他辅料,生鲜乳质量符合 GB 19301《食品安全国家标准　生乳》的规定,尤其是生鲜乳酸度应控制在15°T以内。

(2)生产工艺应符合 DB15/T 1989—2020《乌乳穆(奶皮子)生产工艺规范》的要求。

(3)应保持发酵环境清洁卫生,严格执行 DBS15/ 008—2016《食品安全地方标准　蒙古族传统乳制品生产卫生规范》的相关规定要求,用于生产奶皮子的加工设备、工器具应符合食品相关产品、工具、容器食品安全要求,每次使用前应当进行清洗、消毒、晾晒。

(4)为了便于贮存,应将奶皮子放置于阴凉通风处进行晾晒、自然干燥,不宜置于阳光下暴晒,以免脂肪软化和氧化,晾干后即为成品,可直接食用。

第六节　嚼克(桌禾)

嚼克又名嚼口,蒙语称桌禾,是一种蒙古族特色发酵的奶油类食品。嚼克的传统制作工艺是以生鲜乳自然发酵后漂浮在上层的乳白色脂肪为原料,经提取油脂、挂晾、灌装等蒙古族传统工艺制成的奶油制品。

一、加工工艺流程

净乳→发酵→提取油脂→成熟。

二、加工操作要点

(1)净乳:将刚挤出的生乳或4℃冷藏储存的生鲜乳,用多层纱布或食品级滤袋过滤,倒入清洗干净的发酵容器中。发酵容器清洗要彻底,晾干后方可盛装生鲜乳进行发酵。

(2)发酵:将净乳静置于发酵间进行自然发酵,发酵温度控制在20℃左右,发酵酸度控制在66~72°T。

(3)提取油脂:在发酵结束后,表层会出现一层成分多为乳脂的白色稠状物质,撇取该物质装入食品级滤袋中。

(4)成熟:将该食品级滤袋吊挂2~3天,沥去多余乳清即成熟。其成品在常温下为半液体状态,冷藏状态下为半固体状态。

三、加工关键技术控制

(1)嚼克加工过程中,发酵温度和时间都会直接影响脂肪上浮的厚度,一般发酵温度以20~25℃,发酵时间以24~36 h为宜。

(2)在撇取油脂过程时,用勺子沿一侧撇取表层的乳脂,撇取力度不宜过深过快,避免取走下层发酵凝乳和乳清。

(3)在生鲜乳自然发酵期间,应保持发酵间和发酵器具卫生清洁,避免乳液表面杂质和灰尘的污染,以减少嚼克中有害微生物的滋生。

四、加工注意事项

(1)以生鲜乳为原料,不添加食品添加剂及其他辅料,生鲜乳质量符合GB 19301《食品安全国家标准 生乳》的规定,尤其是生鲜乳酸度应控制在15°T以内。

(2)生产工艺应符合DB15/T 1988—2020《嚼克生产工艺规范》的要求。

(3)应保持发酵环境清洁卫生,严格执行DBS15/ 008—2016《食品安全地方标准 蒙古族传统乳制品生产卫生规范》的相关规定要求,发酵容器的材质应为食品级,用于生产加工的设备、工器具应符合食品相关产品、工具、容器食品安全要求,每次使用前应当进行清洗、消毒、晾晒。

(4)嚼克在常温或冷藏储存过程中,还会持续进行发酵,最终导致其酸度过大,口感变差,因此不宜久存。

第七节 酸马奶(策格)

酸马奶属于发酵乳制品,是以鲜马奶为原料,经乳酸菌和酵母菌等微生物共同自然发酵形成的略呈酸性的低酒精含量的乳饮品。酸马奶风味的形成受很多因素影响,例如鲜马奶的品质、发酵温度的选择、发酵器皿的选择、季节和气候、发酵剂的接入比例、搅拌次数等。很多地区都有制作酸马奶的传统工艺,但不同地区、不同民族的制作工艺不尽相同。

一、加工工艺流程

净乳→培养发酵引子→接种→发酵→成品。

二、发酵工艺操作要点

(1)净乳:将刚挤出的生马乳,用多层纱布或食品级滤袋过滤,倒入清洗干净的发酵容器中。发酵容器清洗要彻底,晾干后方可盛装生鲜乳进行发酵。

(2)培养发酵引子:可以将传统自然发酵的酸马奶作为引子,也可以在小型发酵罐中采用露水、马驹反胃凝结奶或小米,将鲜马奶培养为发酵引子(呼仁格)。

(3)接种:发酵引子的选择以及添加比例对于酸马奶的发酵过程至关重要。酸马奶接种时,一般是将过滤好的鲜马奶倒入发酵容器内,边搅拌边加入自然发酵的酸马奶或发酵引子,鲜马奶与发酵引子的比例大约为 13∶1,或按接种量 5%~15%为添加为宜。

(4)发酵:

①一次性制作成型酸马奶。于 16~20℃室温条件下,在装有鲜马奶的发酵罐中接种发酵引子(呼仁格),每天至少捣搅 3 次,每次不间断地上下捣搅 1000 下,使其发酵成熟(pH 4.0~4.5 为宜)。

②续加性制作成型酸马奶。于 16~20℃室温条件下,在装有鲜马奶的发酵罐中接种发酵引子(呼仁格),边加鲜马奶边捣搅,每天至少捣搅 3 次,每次不间断地上下捣搅 1000 下,每次新添加鲜马奶时应捣搅,最终制成成熟的酸马奶(策格)(pH 4.0~4.5 为宜)。

三、加工关键技术控制

(1)传统发酵酸马奶中蕴含的乳酸菌和酵母菌在其制作过程中发挥了重要的作用,两者间互生作用赋予了酸马奶特有的风味和品质。酸马奶的发酵温度应控制在 16~20℃为宜。

(2)酸马奶发酵过程应有充足的空气,需要在发酵过程中频繁进行搅拌。一般每天用特制搅拌器具布鲁日上下搅拌 3000~3500 次,一方面使马奶与空气充分接触,促进发酵成熟;另一方面搅拌有效排出了酸马奶发酵所产生的二氧化碳,从而避免蛋白质凝结成颗粒影响口感,进而保证酸马奶的风味。成熟的策格(酸马奶)pH 以 4.0~4.5 为宜。

(3)鲜马奶品质是影响酸马奶产品的关键,品质合格的鲜马奶才能发酵形成优质的酸马奶。同时应保持发酵环境与操作人员清洁卫生,发酵间应避免闲杂人员出入。

四、加工注意事项

(1)以生鲜乳为原料,不添加食品添加剂及其他辅料,生马乳的理化指标需满足 DBS15/ 011—2019《食品安全地方标准 生马乳》的规定。

(2)生产工艺应符合 DB15/T 1990—2020《策格(酸马奶)生产工艺规范》的要求。

(3)应保持发酵环境清洁卫生,严格执行 DBS15/ 008—2016《食品安全地方标准 蒙古族传统乳制品生产卫生规范》的相关规定要求,发酵容器的材质应为食品级,用于生产加工的设备、工器具应符合食品相关产品、工具、容器食品安全要求,每次使用前应当进行清洗、消毒、晾晒。

(4)在挤马奶时,鲜马奶容易被粪屑、饲料、杂草、马毛及蚊蝇等污染,因此挤下的马奶要及时进行过滤。

第八节 希日陶苏(蒙古黄油)

希日陶苏通常是将嚼克经浓缩、加热、分离油脂、提取液态的清澈油脂等传统工艺制成的高脂类乳制品。黄油作为蒙古族特色乳制品,与从奶皮子或生鲜乳甩打分离的白油(稠奶油)不同,黄油主要是以发酵后的嚼克为原料进行提取,所得产品呈明黄色或黄白色,色调均匀,风味独特,营养更加丰富,并有独特的加工熬制的工艺。

一、加工工艺流程

净乳→发酵→提取油脂→沥乳清→搓嚼克→热熔、分离→成品。

二、加工操作要点

(1)净乳:将刚挤出的生乳,用多层纱布或食品级滤袋过滤,倒入清洗干净的发酵容器中。发酵容器清洗要彻底,晾干后方可盛装生鲜乳进行发酵。

(2)发酵:静置于室内阴凉处自然发酵,发酵温度在20℃左右,发酵酸度控制在66~72°T。

(3)提取油脂:在发酵结束后,表层会出现一层成分多为乳脂的白色稠状物质,取出放入食品级过滤袋中挂晾,沥去多余乳清即成嚼克。

(4)搓嚼克:将提取油脂后的嚼克倒进搅锅内加热,温度控制在80℃左右,用专用器具向同一方向搅动 0.3~1 h。这一过程叫搓嚼克。

(5)热熔、分离:将温度继续提高至 90~100℃或放在中等火力的炉上,边煮边摇匀,分解提炼出来的清澈油脂物质即为黄油。

三、加工关键技术控制

(1)嚼克是黄油加工的前体,因此在嚼克加工过程中,发酵温度和时间要适宜,因为这两种因素直接影响了脂肪上浮的厚度,一般发酵温度以 20~25℃,发酵时间以 24~36 h 为宜。

(2)在搓嚼克工艺时,温度应控制在 80~100℃,并注意沿同一方向缓慢进行搅动 0.3~1 h,在此过程中可加少许凉水促使残留乳清凝结,加快黄油熬炼析出。

(3)熬制黄油(希日陶苏)应掌握好火候,火小黄油不易分离,火大则容易破坏油脂结构。此过程需边熬边缓慢摇匀。

四、加工注意事项

(1)黄油大部分是从嚼克中提取,并且前期加工过程与嚼克相似,因此生产工艺应符合 DB15/T 1988—2020《嚼克生产工艺规范》的要求。

(2)应保持发酵环境清洁卫生,严格执行 DBS15/ 008—2016《食品安全地方标准 蒙古族传统乳制品生产卫生规范》的相关规定要求,发酵容器的材质应为食品级,用于生产加工的设备、工器具应符合食品相关产品、工具、容器食品安全要求,每次使用前应当进行清洗、消毒、晾晒。

第四章　蒙古族传统乳制品机械化加工设备的使用

第一节　传统乳制品加工常用机械化设备

一、传统乳制品加工常用机械化设备种类及其结构、工作原理

通常用于蒙古族传统工艺乳制品加工的设备有贮奶罐、离心泵、牛乳分离机、混合设备、牛乳均质机、冰箱、冰柜、恒温设备、夹层锅、灌装机、热水罐、发酵罐、凝乳槽、乳清过滤槽、搅揉锅、奶皮子生产设备、黄油生产设备等。

1. 贮奶罐(图4-1)

(1)结构：由罐体、制冷设备、搅拌桨叶、支架等部分组成。

(2)工作原理：贮奶罐带有制冷设备和搅拌桨叶，通过制冷设备可以使罐体内的牛乳在贮藏过程中始终保持在设定低温范围内，防止牛乳发生腐败变质；贮藏过程中由于搅拌桨叶对牛乳的搅动作用，罐体内的牛乳始终处于均匀状态，防止脂肪上浮，从而为生产各种乳制品提供优质奶源。

图4-1　贮奶罐

2. 离心泵(图4-2)

(1)结构：主要由叶轮、泵体、泵轴、密封环、吸入口和排出口等部分组成。

(2)工作原理：离心泵一般由电动机带动，在离心力的作用下泵内液体从叶

图 4-2　离心泵

轮中心甩向叶轮外缘,同时流速增大,高速离开叶轮外缘进入蜗形泵壳,最后沿切向流入排出管口。即依靠高速旋转叶轮对料液的离心力作用,将吸入口的材料吸入泵内并被排出,实现连续地输送液体。

3. 牛乳分离机(图 4-3)

(1)结构:由机座、盛乳桶及开关、浮飘、稀奶油和脱脂乳收集器、分离钵、传动装置等部分组成。

(2)工作原理:牛乳分离机依靠牛乳中的脂肪与牛乳间存在密度差的原理,牛乳进入分离钵后,分离钵在电机的带动下快速旋转,将牛乳进行快速分离,稀奶油和脱脂乳分别被收集在稀奶油、脱脂乳装置中。

图 4-3　牛乳分离机

4. 混合设备(图 4-4)

(1)结构:由机座、搅拌器、搅拌锅(料罐)、传动系统等部分组成。

图 4-4　混合设备

（2）工作原理：两种或两种以上不同组分构成的混合物在混合机或者料罐内，在外力作用下进行混合，从开始时的局部混合达到整体的均匀混合状态，在某个时刻达到动态平衡后，混合均匀度不会再提高，而分离和混合则反复交替地进行。

整个混合过程存在着三种混合方式：对流混合、扩散混合、剪切混合。

对流混合：混合机工作部件表面对物料的相对运动，所有粒子在混合机内从一处向另一处作相对流动，位置发生转移，产生整体的流动称为对流混合。

扩散混合：在混合过程中，以分子扩散形式向四周作无规律运动，达到均匀分布状态称为扩散混合。

剪切混合：由于物料群体中的粒子相互间形成剪切面的滑移和冲撞作用，引起局部混合，称为剪切混合。对于高黏稠度流变物料（如面团和糖蜜等），主要是依靠剪切混合，一般称为捏和。

事实上，物料在混合机里往往同时存在着上述三种混合方式。单一的混合方式是少见的，但是常以其中的一种混合方式为主。

5. 牛乳均质机（图 4-5）

（1）结构：由进料腔、吸入活门、排出活门、柱塞、压力表等部分组成。

（2）工作原理：当柱塞向后运动时，泵腔容积增大，使泵腔内产生低压，料液由于外压的作用顶开吸入活门进入泵腔，这一过程称为吸料过程；当柱塞向前运动时，泵腔容积减小，泵腔内压力逐渐升高，关闭了吸入活门，达到一定高压时又会顶开排出活门，将泵腔内料液排出，称为排料过程。

均质的目的在于既要获得均匀的混合物，又要使产品的颗粒细微一致，不会

图 4-5　牛乳均质机

产生离析。如乳制品加工中通过对牛乳进行均质操作防止牛乳脂肪分离,达到了产品易消化和吸收的作用。

6. 冰箱、冰柜(图 4-6)

(1)结构:由压缩机、蒸发器、冷凝器、膨胀阀等部分组成。

(2)工作原理:制冷剂在制冷设备组成的闭路循环系统中通过状态的变化来实现制冷,从而使冰箱、冰柜内处于低温状态,达到冷藏、冷冻食品的目的。

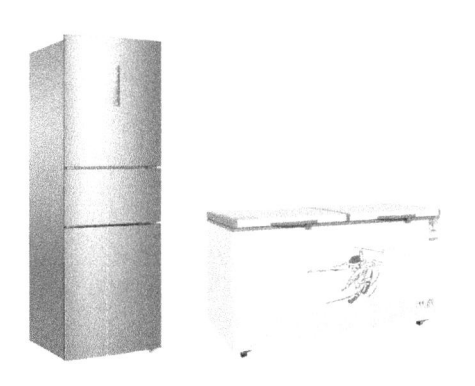

图 4-6　冰箱、冰柜

7. 恒温设备(图 4-7)

(1)结构:由隔板、加热元件、温度显示等部分组成。

(2)工作原理:恒温设备依靠加热元件提供的热源,以热对流、热传导等方式进行热量传递,将热量传递给待加热的物体,物体吸热后可维持在恒定的温度。

图 4-7　恒温设备

8. 夹层锅(图 4-8)

(1)结构:由锅体、加热装置、支架等部分组成。

(2)工作原理:夹层锅又名双层锅,是食品调味煮汁的主要设备,常用来热烫、预煮各种原辅材料,依靠加热介质将热量通过热传导方式传递给需加热的物料。加热介质放在夹层锅的夹层内,加热介质一般有蒸汽、导热油等。

图 4-8　夹层锅

9. 灌装机(图 4-9)

(1)结构:由定量泵、模封、竖封、紫外灯、进料口、出料口、加热装置等部分组成。

(2)工作原理:依靠定量泵将液体物料从进料口吸入,然后液体物料被提入出料口,包装材料接入出料口,经过模封、竖封,完成灌装、封口等任务。

图4-9　灌装机

10. 热水罐(图4-10)

(1)结构:由冷水进口、热水出口、低液位观察孔、高液位观察孔、支架、带夹套的圆柱形罐体、加热棒等部分组成。

(2)工作原理:通过加热棒将冷水加热形成热源,热水罐与其他设备如发酵罐、凝乳槽形成闭路循环,经离心泵将热源提供给发酵罐、凝乳槽等装置。

热水罐由食品级304不锈钢制作而成,带有岩棉夹套的罐体保温层可减少热能的损失。

图4-10　热水罐

11. 发酵罐(图 4-11)

(1)结构:由支架、热水进出口、物料进出口、带双层夹套的圆柱形罐体等部分组成。

(2)工作原理:发酵罐与热水罐组成闭路循环系统,牛乳在发酵罐内发酵所需的特定温度由闭路循环系统内流动的热水提供,发酵罐内的牛乳通过间壁式换热吸收热量达到发酵所需的温度。

发酵罐由食品级 304 不锈钢制作而成,带有岩棉外夹套的保温层可减少热能的损失。

图 4-11　发酵罐

12. 凝乳槽(图 4-12)

(1)结构:由热水进出口、物料出口、支架、带双层夹套的外形长方体、椭圆形槽体等部分组成。

(2)工作原理:凝乳槽与热水罐组成闭路循环系统,通过离心泵将发酵罐内的酸乳输送到凝乳槽内,酸乳在凝乳槽内凝固所需的特定温度条件由闭路循环系统内流动的热水提供,凝乳槽内的酸乳通过间壁式换热吸收热量达到凝乳所需的温度。

该设备使用食品级 304 不锈钢制作而成,带有岩棉外夹套的保温层可减少热能的损失。

图 4-12　凝乳槽

13. 乳清过滤槽(图 4-13)

(1)结构:由支撑滚轮、出料口、长方体槽体、过滤框等部分组成。

(2)工作原理:乳清过滤槽收集凝乳槽内的凝乳物和乳清后,通过金属过滤网把乳清液与凝乳物分离,回收凝乳物,将乳清液推送到指定地点卸料。

乳清过滤槽由食品级304不锈钢制作而成,通过金属过滤网可实现乳清液与凝乳物的快速分离,回收凝乳物提高产品的产出率,同时可快速将乳清液转移到指定地点卸料。

图 4-13　乳清过滤槽

14. 搅揉锅(图 4-14)

(1)结构:由支架、夹层锅体、搅拌浆叶、传动装置、控制系统、导热油箱、导热油管、循环泵、电加热棒等部分组成。

（2）工作原理：搅揉锅通过导热油箱、导热油管、循环泵与夹层锅组成闭路循环系统，电加热棒将导热油箱内导热油加热后，通过循环泵将热油输送到夹层锅夹层内，夹层锅内的凝乳物在搅拌器的搅打作用下，通过间壁式换热吸收热量，凝乳物达到拉伸效果后出锅装模即得到产品，夹层锅内的导热油可通过另一泵输回导热油箱。

图 4-14　搅揉锅

搅揉锅由食品级304不锈钢制作而成，该设备一次性处理量大；通过导热油加热锅体，升温速度快、安全、卫生；搅拌器可升降、锅体为可倾式，便于生产加工物料的装、卸及设备的清洗；利用星形搅拌器进行搅揉，极大地节省人力，降低了劳动强度，提高了生产效率。

15. 奶皮子生产设备（图4-15）

（1）结构：由加热箱体、电加热棒、支架、不锈钢盆组等部分组成。

（2）工作原理：该设备通过电加热棒将箱体内的冷水加热沸腾，加热箱体上镶嵌的加热盆通过接触热水将吸收的热量传导给盆内的牛乳，牛乳在吸收热量后，其中的水分不断蒸发，表面即可形成奶皮子。

该设备由食品级304不锈钢制作而成，通过电加热棒将冷水加热成热水，升温速度快，操作方便、快捷、卫生。

图 4-15　奶皮子生产设备

16. 黄油生产设备(图 4-16)

(1)结构:由罐体、挡板、观察孔、电机、传动系统、物料进出口、安全阀等部分组成。

(2)工作原理:投入罐体内的嚼克,在旋转的罐体及挡板的作用下,经过一定时间的旋转搅打,形成奶油粒,将罐体内的奶油粒与水分分离,奶油粒经进一步加热即可得到黄油产品。

图 4-16　黄油生产设备

该设备由食品级 304 不锈钢制作而成,安装有安全阀,通过加挡板的罐体旋转,罐体内的嚼克经过一定时间搅打,即可形成奶油粒,极大地提高了生产效率,节省了人力,使用安全。该设备一次性处理量大,与传统人工在大盆等容器内搓嚼克相比,更加卫生、快捷、方便。

二、传统乳制品加工常用设备的使用与维护

1. 贮奶罐

(1)使用:用于牛乳的临时存放。贮奶罐一般贮存牛乳的质量都在吨数以上。启动贮奶罐带有的制冷设备和搅拌桨叶,使牛乳始终保持在适当的温度范围内,同时使牛乳处于均匀状态,始终使牛乳处于冷藏温度范围内,提供优质的奶源。需间隔观看温度仪表,特别注意停电造成贮存牛乳温度的上升,以免影响牛乳的质量。

(2)维护:应定期检查制冷系统,发现异常及时维修,临时存放的牛乳用完之后应及时进行清洗。先用冷水冲洗,再用1.8%质量浓度的酸洗,90℃热水冲后,再用2%浓度的碱洗,最后用冷水冲净使用。

2. 离心泵

(1)使用:适用于输送中低黏度的料液,含悬浮物或腐蚀性也可。在传统乳制品生产加工中起到输送牛乳的作用,减少了体力劳动,达到了卫生的要求。

(2)维护:使用后应当及时进行清洁,并定期检修。

3. 牛乳分离机

(1)使用:牛乳分离机是实现将牛乳分离成稀奶油和脱脂乳的加工设备,即对牛乳进行分离时需要的加工设备,可以快速将牛乳分离成稀奶油和脱脂乳,如用脱脂乳发酵生产加工奶豆腐,发酵前即可将牛乳进行分离。对牛乳进行分离前将牛乳分离机安装调试好,将过滤称量后的牛乳预热至35~40℃,倒入盛乳器,慢慢打开开关,开始乳的分离,正常分离3~5 min后,观测稀奶油和脱脂乳的流量比,并按要求进行稀奶油含脂率的调整,全部乳分离完毕,应再向盛乳器中倒入约为其容积1/3的脱脂乳,维持分离,以冲洗出分离机内残留的稀奶油,达到分离牛乳中的稀奶油和脱脂乳的目的。使用前应装入润滑油,根据稀奶油和脱脂乳分离量的要求可调节流量按钮。

(2)维护:待分离钵自行转动停止后,按顺序拆卸清洗,凡与乳液接触的部件应先用0.5%热碱水洗,再用90℃以上热水洗,然后擦干,置于清洁干燥处保存,以备下次使用,定期进行检修,定期加入润滑油。

4. 混合设备

(1)使用:混合设备可用于乳制品生产配料环节,如乳饮料生产加工中将糖、稳定剂、乳化剂等食品添加剂加入牛乳中,通过混合设备,使乳体系达到均一稳定状态。事实上,物料在混合机里往往同时存在着对流混合、扩散混合、剪切

混合等三种混合方式,单一的混合方式是少见的,但是常以其中的一种混合方式为主。牛乳及配料通过混合设备可达到均匀的状态,操作人员须注意观察混合物料是否达到平衡态。

(2)维护:物料混合完成之后,及时清洗料缸及搅拌桨叶,定期检查传动系统并加入润滑油。

5. 牛乳均质机

(1)使用:通过牛乳均质机的牛乳脂肪变小了,牛乳中的脂肪会均匀分散在乳中,如乳饮料的制作,所用牛乳需均质后使用,做全脂奶豆腐也可将牛乳均质后再发酵生产加工。牛乳均质时温度对均质效果影响很大,物料均质时温度高,液体的饱和蒸气压高,均质时容易形成空穴。所以,在均质前可将物料加热。例如牛乳的均质温度一般为 50~70 ℃,为牛乳的有效均质温度。牛乳均质机可使牛乳中的脂肪球破碎后均匀地分散在牛乳中,使牛乳更加稳定匀一。均质机使用时注意事项如下。

①起动时均质机压力不稳,应在起动后将其调整到预定值。在压力稳定之前流出的料液回流,以保证均质的质量。

②均质机正常工作时要注意观察压力表,保证压力处于正常工作范围内,牛乳均质时一般压力为 15~20 MPa。

③高压均质机不得空转,起动前应先接通冷却水。

④要经常在机体连接轴处加一些润滑油,以免机体前端的填料缺油。

⑤柱塞密封圈处于高温和压力周期性变化的条件下,很容易损坏,应保证柱塞冷却水的连续供应,以降低柱塞密封圈的温度,延长其使用寿命。

(2)维护:应随时检查密封圈,发现损坏及时修复、更换,并定期检查更换润滑油,均质操作后应用水对均质机进行清洗工作。

6. 冰箱、冰柜

(1)使用:生熟制品应分开存放,使产品存放在特定的冷藏冷冻温度范围内,使用过程中尽量减少开启冰箱、冰柜的次数,以免冰箱、冰柜内的温度波动太大,影响贮藏乳制品产品的质量,同时注意停电造成温度上升的现象,冰箱、冰柜为制冷设备,提高了乳制品特别是需低温贮藏的乳制品的保存期限。

(2)维护:应定期进行检查制冷系统,发现异常及时维修,定期进行室内除霜以及卫生清洁工作。

7. 恒温设备

(1)使用:食品需在特定的温度条件下贮藏即可存在恒温设备内,如微生物的培养、产品保温试验等均可在恒温设备内进行,使用过程中注意观察温度仪表,防止停电造成温度的下降。

(2)维护:及时检查温度仪表,发现异常及时维修更换。

8. 夹层锅

(1)使用:夹层锅是加热设备,在传统乳制品加工中常用,如黄油生产加工中的热融过程,奶豆腐生产加工中的搅揉过程,原料乳的加热过程等均可在该设备中进行。夹层锅设备结构简单,使用方便,分为固定式和可倾式,锅内有搅拌桨叶的,也有没有安装搅拌桨叶的。可倾式装卸料更方便些,夹层锅内可通过导热油和蒸汽等方式将热量传递给锅内的牛乳,使用过程中锅内温度上升速度快,特别注意锅内牛乳温度的变化。

(2)维护:使用后及时进行清洗,应定期进行检查导热油,发现缺少及时添加。

9. 灌装机

(1)使用:灌装机可实现液体的灌装,灌装后减少了食品的污染,提高了产品保持期,如牛乳、乳饮料等产品的灌装。灌装前根据包材的特点,调节横封、纵封的温度,同时调节好灌装量,灌装过程中须注意封口温度、灌装量等因素的控制,灌装过程中打开紫外灯对包材内部进行灭菌处理,可用于液态乳的灌装。

(2)维护:定期检查横封、纵封加热装置以及灌装量,出现异常及时维修,及时更换紫外灭菌灯,灌装后及时清洗管路系统。

10. 热水罐

(1)使用:热水罐在传统乳制品生产加工过程中可提供热源,如奶豆腐生产加工发酵、凝乳等环节需要热源,即可通过热水罐提供热源。热水罐低液位观察孔有效防止水位过低从而确保加热棒安全加热,高液位观察孔有效防止水位过高而溢出,使用自动控制电加热,最高温度100℃,使用方便、安全、卫生、快捷。

(2)维护:及时检查加热棒,出现异常及时更换。

11. 发酵罐

(1)使用:发酵罐一次性发酵物料量大,发酵过程中所需的温度可调、可控,发酵结束清洗方便、快捷、卫生,发酵罐与热水罐连接可用于牛乳的发酵,如奶豆腐、毕希拉格、楚拉、酸酪蛋等传统乳制品产品加工时发酵。

(2)维护:及时检查发酵罐夹层是否异常,出现漏点及时解决,发酵结束及时对发酵罐体进行清洗。

12. 凝乳槽

(1)使用:凝乳槽一次性处理量大,凝乳过程中所需的温度可调、可控,一次性达到凝乳后分离乳清,操作方便、快捷、处理量大,乳清与凝乳物分离方便,凝乳槽与热水罐连接可用于发酵后的牛乳凝乳,如奶豆腐、毕希拉格、楚拉、酸酪蛋等传统乳制品产品加工时凝乳。

(2)维护:及时检查凝乳槽体夹层是否异常,出现漏点及时解决。凝乳结束后及时对凝乳槽体进行清洗。

13. 乳清过滤槽

(1)使用:一般乳清过滤槽与凝乳槽相接,用乳清过滤槽对乳清液与凝乳物进行快速分离。

(2)维护:及时对过滤后的过滤网进行清洗,出现网孔破裂及时维修或更换。

14. 搅揉锅

(1)使用:搅揉锅一次性搅揉物料量大,通过导热油加热锅体快速升温,使用可倾式锅体装、卸加工物料,利用星形搅拌器进行搅揉,提高了生产效率。

搅揉锅可用于生产加工搅揉过程,也可用于产品加热、预热处理等,达到一机多用的效果。如牛乳的加热、奶豆腐生产加工时的搅揉、黄油生产加工时的加热等均可在搅揉锅内进行。

(2)维护:定期更换导热油,生产结束及时清洗搅揉锅。

15. 奶皮子生产设备

(1)使用:该设备通过电加热棒将冷水加热成热水,即通过间壁式换热将热量传递给加热盆中的牛乳,使牛乳中的水分不断蒸发,在牛乳表面形成蜂窝状,经过一定时间,表面即可形成奶皮子。

(2)维护:定期检查加热棒,出现异常及时更换,生产结束后及时清洗奶皮子生产加热盆。

16. 黄油生产设备

(1)使用:利用设备旋转使罐体内的物料与内壁及挡板进行接触撞击,达到生产加工的效果,如传统乳制品黄油生产加工前将嚼克投入罐体内,经过一定时间的旋转搅打,形成奶油粒,将罐体内的奶油粒与水分分离,奶油粒经进一步加热即可得到黄油产品。该设备一次性处理量大,与传统人工在大盆等容器内搓嚼克相比,更加安全、卫生、快捷、方便。

(2)维护:定期检查传动系统,出现异常及时维修,并定期加润滑油,生产结束及时清洗黄油生产设备。

第二节 机械化设备的流程布局

从事传统乳制品生产手工作坊应当具有与生产加工的乳制品品种、数量、质量要求相适应的场所,如收奶、发酵、加工、晾晒、包装(不分内外包装间)、贮存(冷藏冷冻)等,防止加工操作过程的二次污染,并与有毒有害场所(包括养殖场)以及其他污染源保持50 m以上的距离;具有合理的设备布局和传统工艺流程,直接接触乳及乳制品的生产设备、器具材质应为无毒无害的食品级塑料或不锈钢(304以上),符合卫生要求;传统乳制品生产手工作坊车间设计符合流水线和通透性,装饰材料符合食品安全和消防要求,发酵、加工、晾晒和包装等场所具备通风、抽气、过滤设施设备,加工厂房窗口只用于采光。

空间布局流程:洗手更衣间→净乳间(包括制冷间)→自然发酵间→加工间(包括成型间、搁置容器和物品库)→晾晒间(包括烘干间)→包装间(包括内外包装及搁置包装材料库)→成品间(包括冷藏冷冻间)→销售间(有条件)。空间布局示意图如图4-17所示。

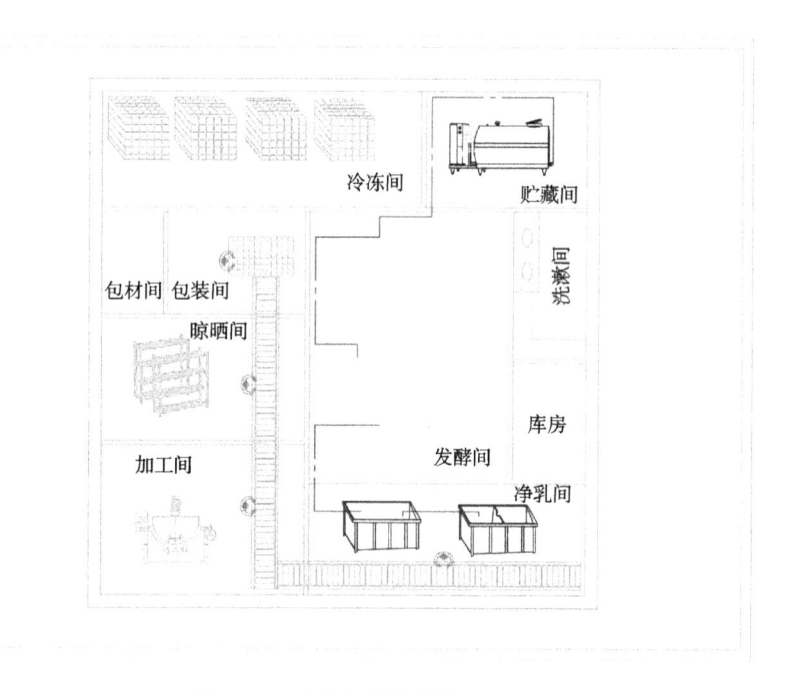

图 4-17 空间布局示意图

第三节　机械化设备与传统手工设备比较

一、机械化设备

通常用于蒙古族传统工艺乳制品加工的机械化设备包括检测设备、加工设备、称量设备、包装设备、消毒设备、制冷设备、运输设备等。主要有贮奶罐、离心泵、混合设备、牛乳分离机、牛乳均质机、冰箱、冰柜、恒温设备、夹层锅、灌装机、热水罐、发酵罐、凝乳槽、乳清过滤槽、搅揉锅、奶皮子生产设备、黄油生产设备等。

二、传统手工设备

通常用于蒙古族传统工艺乳制品加工的手工设备比较简单，如锅、刀、盆、碗等，这些设备严格讲称之不上设备，只能作为加工器具。

三、机械化设备与传统手工设备比较

（1）通常用于蒙古族传统工艺乳制品加工的机械化设备由金属材料304不锈钢制成，具有防腐蚀、防锈功能。

（2）机械化设备食品卫生要求高，与食品产品接触的零部件无毒、无味、无污染，符合食品生产加工。

（3）机械化设备耐磨、耐腐蚀，使用生产周期长，节约成本。

（4）机械化设备易于拆洗、组装，使用方便，卫生快捷。

（5）机械化设备结构性能可靠、安全。

（6）机械化设备结构性能易于调节、易更换专用模具，方便生产出不同的产品类型。

（7）机械化设备易维护检修，并且大多设备可一机多用。

（8）机械化设备结构性能好、操作简便、节省人力，有助于提高效率。

（9）机械化设备具有投资少、工效高、能耗低、噪声小等特点。

（10）传统工艺乳制品加工的手工设备处理量小，生产效率低，耗时长。

第五章　蒙古族传统乳制品检验检测

第一节　检验检测设备

随着游牧民族饮食文化的不断发展,蒙古族传统乳制品形成多种多样的加工方式,也形成了多样的产品。从鲜奶到各种各样的饮品、固体奶食品,层层提炼中贯穿着牧人们辛勤的劳作和精湛的制作技艺。但由于传统乳制品工业发展时间短、发展速度过快、基础薄弱,特别是奶源管理、质量控制、检测技术手段落后等方面的原因,导致质量安全问题时有发生,给消费者的人身和财产安全带来损害。所以,传统乳制品检测水平和检测速度的提高,是现今社会应该注重的问题。

一、移液器的使用规范

(1)设定移液体积:从大量程调节至小量程为正常调节方法,逆时针旋转刻度即可;从小量程调节至大量程时,应先调至超过设定体积刻度,再回调至设定体积,这样可以保证移液器的精确度。

(2)装配移液枪头:将移液枪垂直插入吸头,左右旋转半圈,上紧即可。

注意:用移液器撞击吸头的方法是非常不可取的,长期这样操作会导致移液器的零件因撞击而松散,严重时会导致调节刻度的旋钮卡住。

(3)垂直吸液:吸头尖端浸入液面 3 mm 以下,吸液前枪头先在液体中预润洗 2~4 次,确保移液的精度和准度(因为吸头内壁会残留一层"液膜",造成排液量偏小而产生误差);慢吸慢放,以防突然松开溶液吸入过快而冲入取液器内腐蚀柱塞造成漏气;放液时如果量很小则应将吸头尖端紧靠容器内壁。(使用时要检查是否有漏液现象。方法是吸取液体后悬空垂直放置几秒钟,看看液面是否下降。如果漏液,则检查吸液嘴是否匹配和弹簧活塞是否正常。)

(4)浓度和黏度大的液体:会产生误差,为消除其误差的补偿量,可由实验确定,补偿量可用调节旋钮改变读数窗的读数来进行设定。(可采用反向移液技术移取高黏度液体。)

（5）吸有液体的移液枪不应平放：枪头内的液体很容易污染枪内部而可能导致枪的弹簧生锈。

（6）移液枪在每次实验后应将刻度调至最大，让弹簧恢复原型以延长移液枪的使用寿命。

二、比色皿使用规范

1. 比色皿概述

（1）比色皿（又名吸收池、样品池）用来装参比液、样品液，配套在光谱分析仪器上，如分光光度计、粒度分析仪等。比色皿是分光光度计的重要配件，一般为长方体，其底及两侧为磨毛玻璃，另两面为光学玻璃制成的透光面粘结而成。

（2）紫外光度实验中的比色皿通常使用玻璃比色皿和石英比色皿，玻璃比色皿是用光学玻璃制成的比色皿，只能用于可见光区，适用于390~780 nm波长范围，石英比色皿是用熔融石英（氧化硅）制成的比色皿，既适用于紫外光区，也可用于可见光区，适用于200~780 nm波长范围。

（3）利用石英比色皿和玻璃比色皿在紫外光区和可见光区吸收的差异，在紫外光区时，由于玻璃比色皿强烈吸收紫外光，对实验数据和结果有影响，石英比色皿不吸收紫外光，不会影响数据，因此在紫外光区不使用玻璃比色皿而使用石英比色皿。而在可见光区，玻璃的影响非常小，可忽略，和石英比色皿一样均可以使用，由于玻璃比色皿的价格远远低于石英比色皿，通常选择可见光区使用玻璃比色皿，紫外光区使用石英比色皿。

2. 比色皿的使用

在使用比色皿时，两个透光面要完全平行，并垂直置于比色皿架中，以保证在测量时，入射光垂直于透光面，避免光的反射损失，保证光程固定。

比色皿一般为长方体，其底及两侧为磨毛玻璃，另两面为光学玻璃制成的透光面采用熔融一体、玻璃粉高温烧结和胶粘合而成。所以使用时应注意以下几点。

（1）拿取比色皿时，只能用手指接触两侧的毛玻璃，避免接触光学面。同时注意轻拿轻放，防止破损。

（2）比色皿中不应长期盛放含有腐蚀玻璃物质的溶液。

（3）比色皿高温后易爆裂，因此不应放在火焰或电炉上加热或干燥箱内烘烤。

（4）当比色皿里面被污染,应用无水乙醇清洗,并晾干或及时擦拭干净。

（5）比色皿的透光面不应与硬物或脏物接触。

（6）盛装溶液时,高度应为比色皿的 2/3 处,光学面如有残液可先用滤纸轻轻吸附,然后用镜头纸或丝绸擦拭。

（7）比色皿中的液体,应沿毛面倾斜,慢慢倒掉,不要将比色皿翻转。直接向下放在干净的滤纸上吸干剩余液,然后用蒸馏水冲洗比色皿内部后倒掉（操作同上）。要避免液体外流,使第 2 次测量时不用擦拭比色皿,减少因擦拭带来误差。

（8）比色前将各个比色皿中装入蒸馏水,在比色波长下进行比较,误差在 ±0.001 吸光度以内的比色皿选出 4~8 个进行比色测定,可避免因比色皿差异造成测量误差。

（9）比色皿在使用后,应立即用水冲洗干净。必要时可用 1∶1 的盐酸浸泡,然后用水冲洗干净。

3. 比色皿的管理维护

按照实验中所使用的波长来选择相应的比色皿（玻璃或者石英）,紫外光区用石英比色皿,而可见光区既可以使用玻璃比色皿,又可以使用石英比色皿。考虑到价格问题,可见光区选用玻璃比色皿。尽量做到专人专用或者专组专用,用完清理后就交回,这样不易搞混不同的比色皿,也不影响比色皿间的配对。

尽量做到每个实验每台紫外分光光度计有专用的配套比色皿,不相互混用。如有交叉使用,可记录在册,下次恢复正常。

用完即清洗,清洗后在通风阴凉处干燥,等彻底干燥后放入相应装具中。放置时,装具保持清洁干燥,比色皿应秉承"光面朝上,毛面在两侧"的原则,这样便于抓取两毛面拿出使用,不致弄污光面。

4. 比色皿的使用注意事项

（1）拿取比色皿时,只能用手指接触两侧的毛玻璃,避免接触光学面,用力不可过大。

（2）凡含有腐蚀玻璃的物质的溶液,不得长期盛放在比色皿中。

（3）不能将比色皿放在火焰或电炉上进行加热或干燥箱内烘烤。

（4）在测量时如对比色皿有怀疑,可自行检测。可将波长选择在实际使用的波长上,将一套比色皿都注入蒸馏水,将其中一只的透射比调至 95%（数显仪器调至 100%）处,测量其他各只的透射比,凡透射比之差不大于 0.5% 即可配套使用。

(5)比色皿换向后误差可达4%~7%。所以在精确测量时一定要看准比色皿箭头标志。如无标志,可作配套检定后按方向在毛玻璃上端作与箭头一致的标记,以避免操作时搞反。

(6)比色皿使用时请勿碰撞。

5. 比色皿的清洗

(1)比色皿必须保持清洁和无伤痕,玻璃和石英比色皿通常可用冷盐酸或酒精、乙醚、丙酮、正己烷等有机溶剂清洗。

(2)比色皿清洗液可用浓盐酸:甲醇:水=1:4:3。

(3)如果比色皿被有机物污染,宜用盐酸-乙醇(1:2)混合液浸洗,也可用相应的有机溶剂如醇醚混合物浸泡洗涤,如油脂污染可用石油醚浸洗。

(4)比色皿不可用碱液洗涤,也不能用硬布、毛刷刷洗。

(5)铬酸洗液效果不错,但浸泡时间不宜过长,否则会腐蚀掉比色皿的黏结剂使其散架。另外,它会在比色皿壁上吸附而出现一层铬化物的薄膜,这种薄膜很难去除,铬酸清洗后的比色皿在紫外区间基本不透光,导致不能使用。

(6)稀释的酸浸泡,效果不错,但酸浓度不能太高。也可用冷的或温热的(40~50℃)阴离子表面活性剂的碳酸钠溶液(2%)浸泡,可加热10 min左右。对于有色物质的污染可用HCl(3 mol/L)-乙醇(1+1)溶液洗涤。

三、碱式滴定管的使用

1. 滴定操作

滴定操作可在锥形瓶和烧杯内进行,并以白瓷板作背景。

在锥形瓶中滴定时,用右手前三指拿住锥形瓶瓶颈,使瓶底离瓷板2~3 cm。同时调节滴管的高度,使滴定管的下端伸入瓶口约1 cm。左手按前述方法滴加溶液,右手运用腕力摇动锥形瓶,边滴加溶液边摇动。滴定操作中应注意以下几点。

(1)摇瓶时,应使溶液向同一方向做圆周运动(左右旋转均可),但勿使瓶口接触滴定管,溶液也不得溅出。

(2)滴定时,左手不能离开活塞任其自流。

(3)注意观察溶液落点周围溶液颜色的变化。

开始时,应边摇边滴,滴定速度可稍快,但不能流成"水线"。接近终点时,应改为加一滴,摇几下。最后,每加半滴溶液就摇动锥形瓶,直至溶液出现明显的颜色变化。加半滴溶液的方法如下:微微转动活塞,使溶液悬挂在出口管嘴上,形成半滴,用锥形瓶内壁将其沾落,再用洗瓶以少量蒸馏水吹洗瓶壁。

用碱管滴加半滴溶液时,应先松开拇指和食指,将悬挂的半滴溶液沾在锥形瓶内壁上,再放开无名指与小指。这样可以避免出口管尖出现气泡,使读数造成误差。

2. 注意事项

(1)使用时先检查是否漏液。

(2)用滴定管取滴液体时必须洗涤、润洗。

(3)读数前要将管内的气泡赶尽、尖嘴内充满液体。

(4)读数需有两次,第一次读数时必须先调整液面在0刻度或0刻度以下。

(5)读数时,视线、刻度、液面的凹面最低点在同一水平线上。

(6)量取或滴定液体的体积=第二次的读数−第一次读数。

(7)绝对禁止用碱式滴定管装酸性及强氧化性溶液,以免腐蚀橡皮管。

(8)用于盛装碱性溶液,不可盛装酸性和强氧化剂液体(如高锰酸钾溶液)。

四、台式高速冷冻离心机操作规程

1. 离心机放置

将离心机放置在坚实、平整的台面上,注意四只机脚必须均衡受力,用手轻摇一下,检查离心机是否放置平整。

2. 操作规程

(1)选择合适的离心转子,接通电源,打开开关,如需制冷打开制冷开关。

(2)设定好所需转速、时间和温度。

(3)打开封盖,将离心管对称插入离心孔中,按下开始按钮,离心开始。

(4)离心结束后,警报通知,按下清除键,取出离心管。

(5)关闭电源,清理机器。

3. 注意事项

(1)先确认所有试管是同一个型号并且保持平衡性,失衡会导致机器晃动从而不能提供流畅的转动。

(2)在启动机器以前,请确认已完全封盖。

(3)取样本前,先确认机器完全彻底停下。

(4)在清理机器前,先确认是在断电的情况下。

(5)在机器运转下,请勿搬动机器。

五、电子分析天平操作规程

1. 操作步骤

（1）开机。

①检查天平是否处于水平位,即将天平左下角的水平气泡调至中央时,天平就处于水平位置。若没有水平,则调节天平底部的两个水平旋钮至水平位置(注:天平在每次放置到新的位置时,应先调节水平)。天平调平后接通电源。

②预热:按"O/T"键,当天平显示 0.000 g 时,预热 60 min,即进入称量状态。(注:为确保称量的准确度,应先开机预热 60 min,再进行称量。)

③校准:在开机状态下,清除天平秤盘上的被称量物,按"O/T"键去皮,待天平显示器稳定显示。

④长按"CAL"键,直至出现"RDJ.EXT"。

⑤点击 Menu 键,显示屏上出现 200.000 g 示数。

⑥长按 Menu 键,200.000 g 示数闪烁时,在天平秤盘上放入 200 g 校准砝码,天平示数变为 0.000 g 并不断闪烁时,取出校准砝码,在显示屏上短时间出现 CALDONE,紧接着又出现 0.000 g 时,天平的校准过程结束。

⑦称量:将干燥的空容器或称量纸放到天平的秤盘上,显示该物的重量,点击"O/T"键将示数归零,在空容器内或称量纸上称上样品,则显示净重,读取称量结果,记在原始记录上。

（2）关机。

①称量完毕,归零后,按住"O/T"按钮至关机(屏幕上无显示),确定天平秤盘上清洁无物。

②填写《仪器设备使用记录》。

③按时进行仪器的维护保养,并填写《仪器设备维护保养记录》。

2. 注意事项

（1）使用天平前,应先清洁天平箱内外的灰尘,检查天平的水平和零点是否合适,砝码是否齐全。

（2）称量时应戴洁净手套,称量的质量不得超过天平的最大载荷,称量物应放在一定的容器(如称量瓶)内进行称量,具有吸湿性或腐蚀性的物质要加盖盖密后进行称量。

（3）称量物的温度必须与天平箱内的温度相同,否则会造成上升或下降的气流,推动天平盘,使称得的质量不准确。

(4)当天平移动后,开机前必须调整支脚螺栓,使天平处于水平状态,且不能马上开机,需要在新环境中达到平衡。天平应该放置在无振动气流、热辐射和含腐蚀性气体的环境中。

(5)称量后及时用软毛刷轻轻扫称量盘周围的烟末和灰尘,用酒精棉球和干棉球擦拭滴落在称量盘上的液体状物质。

六、匀浆器操作规程

1. 操作步骤

(1)检查匀浆刀头是否完好,将匀浆刀头安装到位。
(2)接通电源,打开电源开关。
(3)用相应溶剂清洗刀头,并用滤纸擦拭干净。
(4)调节速度调节阀到使用值,设定匀浆时间。
(5)将待匀浆的样品没过匀浆刀头,按动速度调节阀,匀浆开始。
(6)匀浆结束后将速度调到0刻度,结束匀浆,小心取下样品瓶。
(7)关闭电源,取下刀头,并及时清洗。

2. 注意事项

为确保匀浆机的正确使用,应在日常使用过程中注意如下的维护和保养。
(1)每次使用前应检查刀片连接轴是否松动,以免出现事故。
(2)切忌刀片在裸露时打开电源旋转。
(3)调节匀浆速度时要慢,不要突然升高,影响机器使用寿命。
(4)匀浆前,应将样品瓶放在支撑物上,以保证安全。

七、霉菌培养箱操作规程

1. 操作规程

(1)接通电源,打开电源开关,使开关处于"通"的位置。
(2)温度、计时设定:点击设定键,进入温度设定中,通过增加、减少键修改所需的值;再按下设定键,进入时间设定状态,时间"h"区闪烁,再按下设定键,时间"min"区闪烁,可用过增加、减少键修改所需的值,再按下设定键,保存并退出设定状态。当时间设为"0"时,表示没有定时功能;当设定时间不为"0"时,则等测量温度达到设定温度,定时器开始计时,时间到,运行结束,"停止"字符点亮,蜂鸣器鸣叫30 s,长按减少4 s,程序重新开始运行。蜂鸣器鸣叫时,可按任意键消音。设备不用时,应保持箱内干燥,并切断电源。

2. 使用工作条件

(1)环境温度:5~30℃(如设定温度≤10℃时,环境温度≤28℃);相对湿度:≤80%。

(2)气压:80~105 kPa。

(3)培养箱周围无强烈振动及腐蚀性气体。

(4)培养箱应避免阳光直射或其他冷热源的影响。

(5)周围无高浓度粉尘,除了保持水平安装外,设备与墙壁之间应预留一定的空间。

(6)应安装在通风良好的地方。

3. 注意事项

(1)为保证设备的安全,请安装外部保护接地,并按设备铭牌要求供给电源。

(2)设备严禁使用易燃易爆、有毒、强腐蚀物品。

(3)设备应保证水平安装、新机安装停放 24 h(防止运输造成压缩机油外流)才能开机运行。

(4)箱体内温度≥50℃,请勿设定低温,以免打开制冷压缩机,以保证压缩机长寿命运行。

(5)有警报提示时必须排除,不可强制开机。

4. 操作注意事项

(1)设备首次开机,程控器内参数除说明书中允许修改外,切勿修改。

(2)照明或杀菌加湿器,除必要时外,一律关闭。

(3)在做低温时须关闭加湿器,拔掉加湿连接管,待恒温后才能开启。

(4)室内为垂直导风循环,各托盘不宜放置过满,实验负载面之和应大于托盘的1/3。

(5)实验环境高于35℃或箱内使用温度高于50℃,严禁设定低温。

(6)不准使用酸和碱及其他腐蚀性物品擦洗内外表面,可用中性洗涤剂定期清洗,干布擦净。

八、洁净工作台操作规程

1. 操作规程

(1)使用前应仔细检查,调试净化工作台各种性能、状况,仔细检查,调试电源和电压是否完好、稳定。用75%酒精认真做好洁净工作台使用前的清洁擦拭工作。

（2）将实验所需要的仪器用品放入工作台，接通总电源，使洁净工作台风机和日光灯开关关闭，打开紫外灯 30 min，进行紫外杀菌、消毒。

（3）关闭紫外灯，开启风机，调节风速至适当大小，等待 20 min 以上。用时开启日光灯。

（4）戴好口罩、帽子及鞋套，双手及手腕用75%酒精消毒。

（5）点燃酒精灯，打开各类瓶盖前先过火，以固定灰尘；打开的瓶口、试管口过火焰，镊子使用前应经火焰烧灼。

（6）实验完成后，进行清洁工作，保持洁净工作台台面整洁无残留。关闭风机、日光灯后，开紫外灯 30 min。关闭紫外灯，关闭电源。

2. 注意事项

（1）工作台应安放在远离尘源和振源的洁净实验室或厂房内。

（2）工作台出厂时已将风速调至最佳状态，初期使用应将风速调到最低档位，一般半年提高一个档位。

（3）新安装的或长期未使用的工作台，使用前必须对工作台及其周围环境用吸尘器或不产生纤维的工具进行清洁工作，再采用药物灭菌或紫外线杀菌进行灭菌处理。

（4）操作区内不允许放不必要的物品，以保持操作区的洁净气流流型不受干扰。

（5）操作区内尽量避免做明显扰乱气流流型的动作。

（6）操作区的使用温度不得大于60℃。

（7）漏在台上的液体，立即用酒精棉球擦干。

3. 维护保养

（1）根据环境的洁净程度，可定期（一般 2～3 个月）将粗滤布拆下清洗或更换。

（2）定期（一般 1 周）对环境进行灭菌工作。常用纱布沾上酒精将紫外线灭菌的表面擦干净，保持表面清洁，否则会影响灭菌效果。

（3）当风量调节档位调到最大，但不能使操作区风速达到 0.3 m/s 时，必须更换高效空气过滤器。

（4）更换高效过滤器时，可打开顶盖。更换时注意过滤器上的箭头标志，箭头指向即为层流流向。更换过滤器时应仔细检查四周边框是否密封良好，否则将影响过滤效果。

(5)照明灯和紫外线杀菌灯达到使用寿命后,可自行更换。

九、乳成分分析仪

1. 测量参数及精度(表 5-1)

表 5-1 乳成分分析仪测量参数及精度

检测项目	测量范围	精度
脂肪	0.01%~45%	±0.06%
非脂乳固体	3%~40%	±0.15%
密度	10~60 kg/m^3	±0.3 kg/m^3
蛋白质	2%~15%	±0.15%
乳糖	0.01%~20%	±0.2%
掺水	0~70%	±3.0%
温度	1~40℃	±1℃
冰点	-0.4~-0.7℃	±0.005%
灰分	0.4%~4%	±0.05%

注 密度数据是一种被缩写形式显示。举例来说:27.3 实际值为 1027.3 kg/m^3,就是在原来值上加 1000。

(1)规格。每一个被测样品的体积为 25 mL。尺寸:280/280/300 cm,总量为 6.8 kg。

(2)选配检测项目。电导率(可选):范围 2~14 μS/cm,精度 ±0.05%,对牛奶掺假检测有参考作用。

(3)pH(可选)。0~14,±0.05%,可检测牛奶的新鲜度。

(4)总固体(可选)。0~50%,±0.17%,计算结果,总干物质=脂肪+非脂干物质。

2. 仪器工作的环境条件

(1)环境温度:10~40℃。环境湿度:30%~80%。

(2)电供应:220 V(110 V),请勿使用非厂家推荐的电源。

(3)注意:电压是否稳定决定仪器重复性的好坏,请保持供电电压的稳定。

3. 仪器外观及内部构造简图

(1) 后面板(图 5-1)。

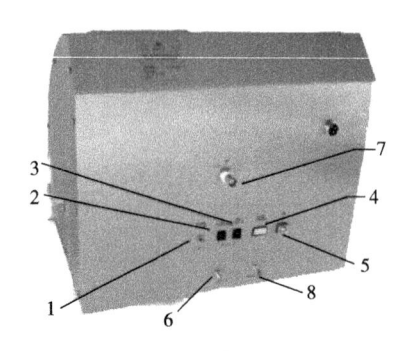

图 5-1 仪器后面板

1—电源开关 2—电源接口 3—打印机电源输出接口(与 2 通用)
4—数据输出口,包括计算机和打印机 5—USB 连接口
6—自动清洗,清洗剂接入口 7—pH 探头接入口 8—废液口

(2) 前面板(图 5-2)。

图 5-2 仪器前面板

1—液晶屏 2—操作键盘 3—编号输入键盘

4. 样品的测量过程

(1) 准备工作。将仪器放置于水平桌面上,提供通风环境并避免靠近热源。环境的温度必须在 10~40℃。检查电源开关是否在"OFF"位置,检查供电电压是否适合。连接电源线到插座。

(2) 奶样准备。取样前,首先检验牛乳是否为正常乳。正常牛乳应为乳白色或淡黄色的均匀液体,无沉淀、无杂质、无凝块、无黏稠和浓厚现象,并具有鲜牛乳固有的纯香味,无异味。异常乳会对乳成分分析仪的精密器件造成损伤并影响检测结果。

待测乳样的温度最好为 15~25℃。如果样品有脂肪上浮现象,必须把样品加热到 40~50℃,并搅拌均匀使表面脂肪重新溶入,然后搅拌降温至 25℃ 以下再进样检测。

按国标规定的铝制、不锈钢或玻璃容器正确取样。取样前牛乳必须用专用搅拌器充分搅拌,混合均匀,表面不得有脂肪上浮分层现象。如果是用来校正仪器,取样量不少于 150 mL,用同样的容器来回倒 4~5 次,然后用折叠的纱布进行过滤,最后倒入进样杯,放在仪器中进样检测。

样品进样前须检查是否含有气泡,气泡对仪器的检测结果有较大的影响,须缓慢搅拌来消泡。样品必须经过纱布过滤才能进样。

现挤的牛乳要求静置 1 h 以上才能开始进样检测。因为现挤的牛乳中悬浮有大量小气泡,活性物质、脂肪等分布在气泡表面,会造成检测结果混乱。

如果乳样表面已结膜,或酸度大于 25°T,须重新取样。

检测排出的废液应弃去,不能用来重复测定。

取样完毕后的样品应当在半小时之内检测完毕,取样较远的地方应冷藏带回分析。分析前如脂肪有上浮应先加热溶解脂肪。

(3)开启仪器。按动"POWER"按钮,开启检测程序。仪器屏幕立即显示开机信息。接着显示"预热中",仪器大约需要 1 min 进入稳定状态。预热时间长短和环境的温度有关系。仪器完成预热程序时,会发出蜂鸣声,同时屏幕显示"准备检测",表明仪器进入样品的测量状态。

(4)模块选择。仪器配有三个检测模块,默认使用第一个检测原料奶模块。如果需要选择其他测量模块,比如 UHT、羊奶检测模式。只要持续按住按钮"确定"键不放,屏幕会出现如下信息。

松开按钮执行菜单

松开"确定"按钮,屏幕会显示所有的工作模式。

模式选择
模 1 — 牛奶
模 2 — 羊奶
模 3 — UHT
日常清洗
打印

通过"▲▼"按钮来选择所需要的工作模式,并按"确定"按钮来启动。

(5)样品的测量。将样品倒入进样杯,再将样杯放在吸管的下面。按一下按钮"确定"键,仪器开始吸入奶样,屏幕显示出样品温度才进入分析阶段,60 s后屏幕显示检测结果,同时将奶样排出。

注意1:刚清洗仪器后第一次的检测结果,可能会有一定的误差,因为内部有余留的水会影响检测结果,建议重新检测。

注意2:检测完毕后请将样品移开。如果再需要检测一次,必须重新取样,否则影响检测结果的重复性。

(6)显示结果举例。

```
结果:
    脂 = ff.ff
    固 = ss.ss
    密 = dd.dd
    蛋 = pp.pp
    导 = ll.ll
    水 = ww.ww
```

按钮"▼"显示第二页结果。

```
结果:
    温 = tt.t℃
    乳糖 = l.ll
    冰点 = -0.fff
    灰分 = 0.sss
```

注意:如果测水,仪器将不显示冰点和加水率的结果。

在检测过程中按下#号,可以输入奶户编号,输出结果时会自动打印到打印纸上。

(7)结果打印。如果仪器连接了热敏打印机,并开启了打印机电源,结果会自动打印出来。如果仪器需连接打印机,可进行如下操作:将打印机直流电源线与仪器后部"OUT 12V"插座相连,将所提供的数据线与仪器的打印机端口"PRINTER"相连,将打印机后面的端口"RS232"与匹配的数据线相连。打开打印机的后面面板上"OFF/ON"键,便开始准备打印。

注意:热敏打印只能配备热敏打印纸(58 mm 宽)。此打印机没有墨水筒,因此不能使用普通的纸张。如果需要再打印一次,长按确定键并翻菜单到最后一行,点击确认打印功能,可以对当前结果再打印一次。

5. 仪器的清洗和维护

为避免在检测器内部有残余牛奶中的脂肪、矿物质等附着在管的内壁形成奶垢,请按照以下步骤进行清洗工作。如果清洗不彻底,会导致检测结果不准确。

清洗包括仪器表面的清洁和仪器管路的清洗。当进行表面的清洁时,请注意先要断电,然后用抹布擦拭,期间禁止有水渗入仪器内部。仪器管路的清洗是用酸或碱性的清洗剂冲刷管路,每一次清洗需要 2 min,总共 8 次循环清洗。只要严格按照标准操作,可以彻底清洗管壁上的各种奶垢。

(1)清洗剂的配制。(清洗剂上附有配制方法)3% 的浓度。

(2)清洗方式。根据仪器的使用时间长短制定出以下两种清洗模式。请严格按照清洗规程进行清洗,否则将有损仪器的精确度。

①自动提示清洗。不需要人为操作,完全由仪器根据自身设定的程序自动提示进行清洗。自动清洗程序按如下间隔执行:

距离上一次检测间隔超 15 min 时,仪器发出蜂鸣声,报警要求清洗。从开机运行仪器后并没有检测样品 55 min 时,仪器发出蜂鸣声,报警要求清洗。当仪器达到上述时间后,屏幕会出现如下信息。

> 自动清洗开始,
> 请放入空杯子!

当清洗开始后,屏幕显示如下。

> 清洗中请稍候

当清洗结束后,会显示如下信息。

> 清洗结束

2 s后,屏幕显示如下信息。

> 准备检测

仪器进入正常的测量模式。

②手动启动清洗。可以按 A 或 B 备用按钮来选择直接进入清洗系统。长按"确定"键,用上下按键将光标调到"自动清洗"位置。按"确定"按钮进入清洗模式,同时屏幕显示:

> 清洗中
> 请稍候!

清洗程序已经开始,整个清洗过程与上文说明的自动提示清洗过程一致。

6. 进样蠕动泵维护

蠕动泵是一种非常高效率的泵,能控制流量,无接触电机,蠕动的特性又能防止奶垢的形成,吸力有弹性,比较适用于牛奶的进样。但是蠕动管是一个易损件,根据使用量的不同,一般 1~2 年需要更换一根,否则橡胶老化,易造成牛奶渗出。若牛奶中混有石头等硬颗粒,也易造成渗奶现象。

7. 仪器参数校正

校正是为了仪器适应当地奶源的条件而增加的功能,所以取用当地的纯奶,并通过与实际测量的化学值做比对。然后进行以下步骤:

(1)计算参数校正值。参数校正值计算如表 5-2 所示。

表 5-2 参数校正值计算

参数	传统方法	本机器结果	校正值
Fat	3.65%	3.92%	-0.27%
SNF	8.3%	7.4%	+0.9%

(2)校正每个指标。关闭主机,按住"确定"键不松开,然后打开主机。保持"确定"按住状态,直到屏幕出现如下信息。

> 松开按钮
> 进入菜单

松开"确定"按钮,并且将出现如下菜单。

```
特殊模式
校正模式
  设定
  测试
  附件
  退出
```

通过按"▲▼"键,选择"校正模式"并按"确定"按钮显示如下菜单。

```
校正：
 测量
 温度
 退出
```

通过按"▲▼"键,选择"测量"并按"确定"按钮显示如下菜单。

```
  模1:牛奶
上页  确认  下页
```

通过"▲▼"键,选择需要校正的模块并按"确定"按钮显示如下菜单。

```
  模1:牛奶
  参:脂肪
校正：=00.00
编辑  确认  下页
```

通过按下"编辑"键,选择进入输入脂肪校正值界面,显示如下菜单。

```
  模1:牛奶
  参:脂肪
校正：=00.00
 减  确认  加
```

通过按"▲▼"键,输入脂肪校正值后按确认保存校正参数,回到显示上一级选择校正参数菜单,显示如下菜单。

```
模1:牛奶
参:脂肪
校正：=00.00
编辑    确认    下页
```

选择下页继续下一个参数的校正,同理按以上步骤完成每个指标的单独校正。

(3)退出。按"确定"按钮确认校准参数。进入步骤所示的菜单,通过"▲▼"键选择"退出"后,按"确定"按钮,然后关机。重新开启验证是否已经校正完成,如有较大的差别,重新按以上步骤进入校正流程。不同指标的校准精度和量程可能不一样,如果超出量程可以联系厂家。

第二节　检验检测项目

随着我国经济不断发展,人民生活水平大幅提高和对营养健康的重视增强,对乳制品的需求也越来越大。国家对奶业振兴政策不断支持,传统乳制品行业在我国有了突飞猛进的发展。传统乳制品质量安全直接关系着消费者的身体健康和生命安全,关系着奶农的利益和企业的生存发展。影响乳制品质量安全的因素主要包括环境污染、兽药和饲料添加剂残留、有害微生物及人为因素等。在乳制品的重金属污染中,铅、铬、镉、汞及砷等具有明显生物毒性的重金属都是被人们广泛关注的,这些物质进入人体后会产生生物富集现象,慢慢危害人体健康。这些不安全因素贯穿整个乳业,涉及从原料乳、加工过程、贮藏、运输、销售到消费者购买后至食用前的各个环节,须对传统乳制品的相应项目进行检验检测,保证传统乳及乳制品的质量安全。

一、感官检验

感官检验就是凭借人体自身的感觉器官,对食品的质量状况作出客观的评价,也就是通过用眼睛看、鼻子嗅、耳朵听、用口品尝和用手触摸等方式,对食品的色、香、味和外观形态进行综合性的鉴别和评价。

感官检验不仅能直接发现食品感官性状在宏观上出现的异常现象,而且当食品感官性状发生微观变化时也能很敏锐地察觉到。例如,食品中混有杂质、异物、发生霉变、沉淀等不良变化时,人们能够直观地鉴别出来并做出相应的决策和处理,而不需要再进行其他的检验分析。尤其重要的是,当食品的感官性状只发生微小变化,或无法用仪器发现时,通过人的感觉器官,如嗅觉等能给予应有的鉴别。可见,食品的感官质量鉴别与理化和微生物检验方法有互补性。在食品的质量标准和卫生标准中,第一项内容一般都是感官指标,通过这些指标不仅能够直接对食品的感官性状做出判断,而且还能够据此提出必要的理化和微生物检验项目,以便进一步证实感官检验的准确性。以奶豆腐感官检验为例(表5-3)。

表5-3 奶豆腐感官检验表

样品名称	纯牛奶	检验依据	GB 25190
样品状态	液体	型号规格	250 mL
样品编号	—	环境条件	温度17.6℃ 相对湿度18.3%
色泽	呈乳白色	滋味、气味	具有乳固有的香味及气味,无异味
组织形态	呈均匀一致的液体, 无凝块,无沉淀, 无正常视力可见异物	煮沸后肉汤	—

二、生乳煮沸检验

1. 原理

乳经加热煮沸后,观察残留颗粒的多少,来判定蛋白质热稳定性即新鲜度的好坏。

2. 仪器

三角瓶(250 mL);量筒(50 mL,10 mL);电热板或电炉。

3. 样品测定

量取50 mL生乳于250 mL干燥洁净的三角瓶中,置于电热板或电炉上加热,加热过程中不停摇动,当三角瓶中的生乳沸腾后,将三角瓶取下,观察牛奶是否为均匀一致的胶态液体,有无絮片,有无凝块,稍稍冷却后将生乳倒掉,用少量水(约10 mL)轻轻冲洗三角瓶,观察瓶底白色颗粒的多少。

4. 结果判定

煮沸后的生乳须呈均匀一致的胶态液体、无絮片、无凝块;将三角瓶底部白色颗粒的多少与《原奶煮沸实验颗粒标准板》(图 5-3)进行比较,结果大于 3 号的判定为不合格。

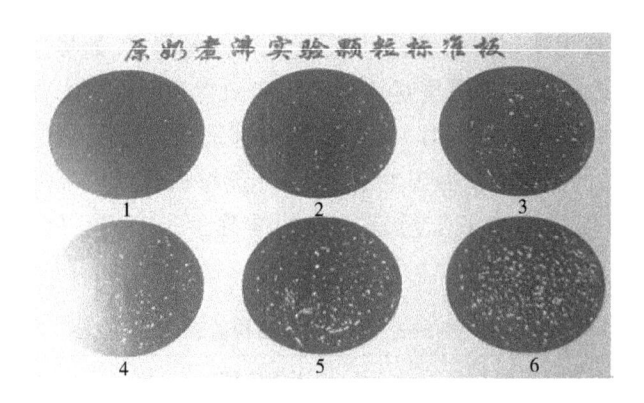

图 5-3 原奶煮沸实验颗粒标准板

三、生乳中淀粉的检验

1. 原理
淀粉遇碘呈蓝色反应。

2. 试剂配制
碘化钾-碘试剂:称取碘化钾 20 g 与碘 5 g,先用玻璃棒将两种试剂预混合搅拌 30 s 左右,再用 20 mL 的水溶解,然后定容至 250 mL,贮存于棕色试剂瓶中,避光保存。

注意事项:碘化钾用于提高碘的溶解度。碘必须溶解在碘化钾溶液中,溶解过程中碘未完全溶解的情况下不可以把上清液转移,否则将碘化钾转移后,剩下的碘将不会溶解。

3. 样品测定
取乳 2 mL 加热煮沸,观察乳液是否有沉积现象,冷却后加入 3~5 滴 $KI-I_2$ 试剂。

4. 结果判定
正常乳:呈黄色。

淀粉乳:蓝色或青蓝色沉淀物出现。

四、生乳中糊精的检验

1. 试剂配制
A 试剂:三氯乙酸(分析纯)500 g,溶解 900 mL 蒸馏水中,分装待用。

注意事项:通风橱内操作;使用防爆型的通风系统和设备;建议操作人员佩戴过滤式防护口罩,戴化学安全防护眼镜,穿防护工作服,戴橡胶耐酸碱手套;远离火种、热源,工作场所严禁吸烟;避免产生粉尘,避免与氧化剂、碱类接触。

B 试剂:无水乙醇:异丙醇=9∶1(体积比)。

注意事项:通风橱内操作;使用防爆型的通风系统和设备;操作人员佩戴自吸过滤式防有机溶剂口罩,戴化学安全防护眼镜,穿防静电工作服,橡胶耐油手套;远离火种、热源,工作场所严禁吸烟;防止蒸汽泄漏到工作场所空气中,避免与氧化剂、酸类、碱金属、胺类接触。

冰醋酸:分析纯。

2. 样品测定

取一定体积的待检生乳置于离心机,转速为 4000 r/min,离心 10~20 min,去除浮在上面的脂肪。在剩余的乳样中加入冰醋酸,每 50 mL 加 2.3~2.5 mL,摇匀,再次离心(同上),弃去沉淀,收集乳清。在收集的乳清中加入 A 试剂,每 5 mL 乳清加入 0.6 L A 试剂,继续离心,弃去沉淀收集上清液,将其作为待测检样。取 1 mL 上清液于小试管中,加 B 试剂 3 mL,摇匀,同时用 1 mL 水做对照实验。

3. 结果判定

正常乳:没有沉淀产生或摇匀后为澄清透明的液体。

糊精乳:浑浊的液体。

4. 注意事项

脂肪必须去除干净,特别是油滴层;吸取上清液时不要触及底部的沉淀物;得到的上清液必须澄清,否则需要相应增加 A 试剂的使用量,直至澄清为止;加入 B 试剂混合均匀后 2 min 内观察结果。

五、生乳酒精实验

1. 原理

生乳在酸度升高后,与等体积中性酒精混合后会出现絮片,通过絮片的产生情况判定生乳是否适合饮用。

2. 仪器与试剂

平皿:直径 80~90 mm;温度计:检定合格的玻璃温度计或探测式温度计;酒精计:检定合格的酒精计;量筒:根据配制酒精量选择合适规格;吸管:2 mL。

酒精:根据需要用分析纯中性乙醇配制 72%(体积分数)、74%(体积分数)、75%(体积分数)、78%(体积分数)的酒精。除非另有说明,所有试剂均应为分析纯；水至少为 GB/T 6682 规定的三级水。

注意事项：通风橱内操作；使用防爆型的通风系统和设备；操作人员戴自吸过滤式防有机溶剂口罩，戴化学安全防护眼镜，穿防静电工作服，戴胶耐油手套；远离火种、热源，工作场所严禁吸烟；防止蒸汽泄漏到工作场所空气中，避免与氧化剂、酸类、碱金属、胺类接触。如酒精呈酸性，使用前可用 0.1 mol/L 的氢氧化钠进行中和，中和时推荐使用 5 g/L 酚酞指示剂。

3. 样品测定

准确吸取 2 mL 生乳于平皿中，根据需要在加有奶样的平皿中加入 2 mL 适宜浓度的酒精，要边加边摇，使酒精与生乳均匀混合，观察是否有絮片生成（絮片无论大小）。

4. 结果判定

酒精试验是以 75% 酒精为试剂的实验。实验结果中牛乳超过 18°T 时，表明酸度高不适合饮用。

六、蛋白质的检测

蛋白质来源很多，肉类、鱼虾类、蛋类、豆类、乳等均含有大量蛋白质，其中，乳蛋白质营养价值最高，最易于被人体吸收。乳中蛋白质的含量为 3.4% 左右，由酪蛋白、乳清蛋白及少量的脂肪球膜蛋白等组成。牛乳蛋白质的一级结构在 20 世纪 70 年代初得到阐明。

1. 原理

食品中的蛋白质在催化加热条件下被分解，产生的氨与硫酸结合生成硫酸铵。碱化蒸馏使氨游离，用硼酸吸收后以硫酸或盐酸标准滴定溶液滴定，根据酸的消耗量计算氮含量，再乘以换算系数，即为蛋白质的含量。

2. 试剂和材料

(1) 试剂。除非另有说明，本方法所用试剂均为分析纯，水为 GB/T 6682 规定的三级水。硫酸铜（$CuSO_4 \cdot 5H_2O$）、硫酸钾（K_2SO_4）、硫酸（H_2SO_4）、硼酸（H_3BO_3）、甲基红指示剂（$C_{15}H_{15}N_3O_2$）、溴甲酚绿指示剂（$C_{21}H_{14}Br_4O_5S$）、亚甲基蓝指示剂（$C_{16}H_{18}Cl_1N_3S \cdot 3H_2O$）、氢氧化钠（NaOH）、95% 乙醇（$C_2H_5OH$）。

(2) 试剂配制。

硼酸溶液（20 g/L）：称取 20 g 硼酸，加水溶解后并稀释至 1000 mL；

氢氧化钠溶液（400 g/L）：称取 40 g 氢氧化钠加水溶解后，放冷，并稀释至 100 mL；

硫酸标准滴定溶液[$c(1/2H_2SO_4)$]0.0500 mol/L 或盐酸标准滴定溶液[c(HCl)]0.0500 mol/L；

甲基红乙醇溶液(1 g/L)：称取 0.1 g 甲基红，溶于 95%乙醇，用 95%乙醇稀释至 100 mL；

亚甲基蓝乙醇溶液(1 g/L)：称取 0.1 g 亚甲基蓝，溶于 95%乙醇，用 95%乙醇稀释至 100 mL；

溴甲酚绿乙醇溶液(1 g/L)：称取 0.1 g 溴甲酚绿，溶于 95%乙醇，用 95%乙醇稀释至 100 mL；

A 混合指示液：2 份甲基红乙醇溶液与 1 份亚甲基蓝乙醇溶液临用时混合；

B 混合指示液：1 份甲基红乙醇溶液与 5 份溴甲酚绿乙醇溶液临用时混合。

3. 仪器和设备

天平：感量为 1 mg；定氮蒸馏装置：如图 5-4 所示；自动凯氏定氮仪。

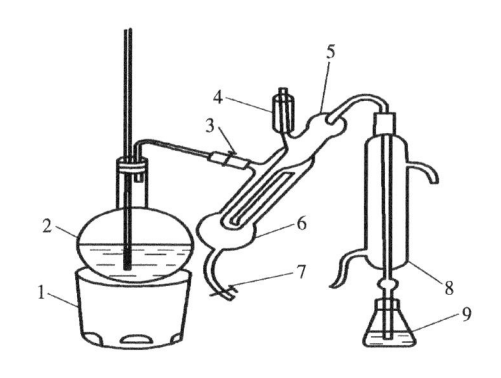

图 5-4 定氮蒸馏装置图

1—电炉 2—水蒸气发生器(2 L 烧瓶) 3—螺旋夹 4—小玻杯及棒状玻塞
5—反应室 6—反应室外层 7—橡皮管及螺旋夹 8—冷凝管 9—蒸馏液接收瓶

4. 分析步骤

(1)凯氏定氮法。

①试样处理：称取充分混匀的固体试样 0.2~2 g、半固体试样 2~5 g 或液体试样 10~25 g(相当于 30~40 mg 氮)，精确至 0.001 g，移入干燥的 100 mL、250 mL 或 500 mL 定氮瓶中，加入 0.4 g 硫酸铜、6 g 硫酸钾及 20 mL 硫酸，轻摇后于瓶口放一小漏斗，将瓶以 45°角斜支于有小孔的石棉网上。小心加热，待内容物全部碳化，泡沫完全停止后，加强火力，并保持瓶内液体微沸，至液体呈蓝绿色并澄清透明后，再继续加热 0.5~1 h。取下放冷，小心加入 20 mL 水，放冷后，移

入 100 mL 容量瓶中,并用少量水洗定氮瓶,洗液并入容量瓶中,再加水至刻度,混匀备用。同时做试剂空白试验。

②测定:按图 5-4 装好定氮蒸馏装置,向水蒸气发生器内装水至 2/3 处,加入数粒玻璃珠,加甲基红乙醇溶液数滴及数毫升硫酸,以保持水呈酸性,加热煮沸水蒸气发生器内的水并保持沸腾。

③向接收瓶内加入 10.0 mL 硼酸溶液及 1~2 滴 A 混合指示剂或 B 混合指示剂,并使冷凝管的下端插入液面下,根据试样中氮含量,准确吸取 2.0 ~ 10.0 mL 试样处理液由小玻杯注入反应室,以 10 mL 水洗涤小玻杯并使之流入反应室内,随后塞紧棒状玻塞。将 10.0 mL 氢氧化钠溶液倒入小玻杯,提起玻塞使其缓缓流入反应室,立即将玻塞盖紧,并水封。夹紧螺旋夹,开始蒸馏。蒸馏 10 min 后移动蒸馏液接收瓶,液面离开冷凝管下端,再蒸馏 1 min。然后用少量水冲洗冷凝管下端外部,取下蒸馏液接收瓶。尽快以硫酸或盐酸标准滴定溶液滴定至终点,如用 A 混合指示液,终点颜色为灰蓝色;如用 B 混合指示液,终点颜色为浅灰红色。同时做试剂空白。

(2)自动凯氏定氮仪法。

称取充分混匀的固体试样 0.2~2 g、半固体试样 2~5 g 或液体试样 10~25 g(相当于 30~40 mg 氮),精确至 0.001 g,至消化管中,再加入 0.4 g 硫酸铜、6 g 硫酸钾及 20 mL 硫酸于消化炉进行消化。当消化炉温度达到 420℃之后,继续消化 1 h,此时消化管中的液体呈绿色透明状,取出冷却后加入 50 mL 水,于自动凯氏定氮仪(使用前加入氢氧化钠溶液,盐酸或硫酸标准溶液以及含有混合指示剂 A 或 B 的硼酸溶液)上实现自动加液、蒸馏、滴定和记录滴定数据的过程。

5. 分析结果的表述

试样中蛋白质的含量按式(5-1)计算:

$$X = \frac{(V_1 - V_2) \times c \times 0.0140}{m \times \dfrac{V_3}{100}} \times F \times 100 \qquad (5\text{-}1)$$

式中:X——试样中蛋白质的含量,g/100 g;

V_1——试液消耗硫酸或盐酸标准滴定液的体积,mL;

V_2——试剂空白消耗硫酸或盐酸标准滴定液的体积,mL;

c——硫酸或盐酸标准滴定溶液浓度,mol/L;

0.0140——1.0 mL 硫酸$[c(1/2H_2SO_4)= 1.000 \text{ mol/L}]$或$[c(HCl)= 1.000 \text{ mol/L}]$标准滴定溶液相当的氮的质量,g;

m——样品质量,g;

V_3——吸取消化液的体积,mL;

F——氮换算为蛋白质的系数,各种食品中氮转换系数见表5-4;

100——换算系数。

蛋白质含量≥1 g/100 g时,结果保留三位有效数字;蛋白质含量<1 g/100 g时,结果保留两位有效数字。

注:当只检测氮含量时,不需要乘蛋白质换算系数 F(表5-4)。

表5-4 几类样品的换算系数 F

样品类别	纯乳与纯乳制品	复合配方食品	酪蛋白	胶原蛋白	其他
系数 F	6.38	6.25	6.40	5.79	6.25

6. 精密度

在重复条件下获得的两次独立测定结果的绝对差值不得超过算术平均值的10%。

7. 乳蛋白质的营养作用

乳中的乳白蛋白对婴幼儿的生长发育有很好的作用,乳中的球蛋白具有一定的免疫功能。牛乳蛋白质是高质量的完全蛋白,氨基酸组成与人乳相近,而且含有8种必需氨基酸。1 L牛乳所含的蛋白质可以满足一个成年人一天所需要的必需氨基酸。另外,牛乳蛋白质中赖氨酸含量丰富,中国人经常喝牛乳可以补充饮食习惯中的赖氨酸不足。牛乳中的蛋氨酸有促进钙吸收、预防感染的作用。牛乳蛋白质在人体内的消化速度大于肉类蛋白、蛋类蛋白和鱼类蛋白等,而且消化率可以达到90%~100%。因此,牛乳蛋白质特别适合于婴幼儿、发育期的青少年、老年人和肝脏病患者食用。

七、脂肪的检测

乳脂质中含有97%~99%的乳脂肪,1%左右的磷脂,还有少量的游离脂肪酸及甾醇等。磷脂中包含有卵磷脂、脑磷脂、神经磷脂等,60%的磷脂存在于脂肪球膜。乳脂肪是各种甘油三酯的混合物,不溶于水,以脂肪球的状态分散于乳浆。乳脂肪是乳和乳制品中的主要成分之一,主要有以下三方面的作用。

(1)营养价值高。人乳、牛乳和羊乳中都含有多种脂肪酸,其中含有相当数量的必需脂肪酸,所以乳脂肪比其他脂肪质量更好。脂肪的主要功能是产生热能供给人体,同时脂溶性维生素A、维生素D、维生素E、维生素K溶解在脂肪中被人体顺利地消化吸收利用。乳脂肪的消化率高于95%,易被消化吸收。因此乳脂肪适合于小孩、老人等不同人群食用。

(2)乳脂肪具有增加风味的作用。其含有可溶性、挥发性饱和脂肪酸,构成乳脂肪芬芳香味和良好口感。在传统乳制品中,乳脂肪为相应产品提供了独特风味和产品品质。

(3)乳脂肪影响乳制品的组织结构状态,同时影响到食用前的外观评价、食用时的口感等。很多乳制品柔润滑腻而细致的组织状态和口感均由乳脂肪形成,脱脂乳或乳制品的组织结构性能会大大降低。

1. 原理

用无水乙醚和石油醚抽提样品的碱(氨水)水解液,通过蒸馏或蒸发去除溶剂,测定溶于溶剂中的抽提物的质量。

2. 试剂和材料

除非另有说明,本方法所用试剂均为分析纯,水为GB/T 6682规定的三级水:

(1)试剂。淀粉酶:酶活力≥1.5 U/mg;氨水($NH_3 \cdot H_2O$):质量分数约25%,也可使用比此浓度更高的氨水;乙醇(C_2H_5OH):体积分数至少为95%;无水乙醚($C_4H_{10}O$);石油醚(CnH_{2n+2}):沸程为30~60℃;刚果红($C_{32}H_{22}N_6Na_2O_6S_2$);盐酸(HCl);碘($I_2$)。

(2)试剂配制。

混合溶剂:等体积混合乙醚和石油醚,现用现配。

碘溶液(0.1 mol/L):称取碘12.7 g和碘化钾25 g,于水中溶解并定容至1 L。

刚果红溶液:将1 g刚果红溶于水中,稀释至100 mL;可选择性地使用。刚果红溶液可使溶剂和水相界面清晰,也可使用其他能使水相染色而不影响测定结果的溶液。

盐酸溶液(6 mol/L):量取50 mL盐酸缓慢倒入40 mL水中,定容至100 mL,混匀。

3. 仪器和设备

分析天平:感量为0.0001 g。

离心机:可用于放置抽脂瓶或管,转速为500~600 r/min,可在抽脂瓶外端产生80~90 g的重力场。

电热鼓风干燥箱。

恒温水浴锅。

干燥器:内装有效干燥剂,如硅胶。

抽脂瓶:抽脂瓶应带有软木塞或其他不影响溶剂使用的瓶塞(如硅胶或聚四氟乙烯)。软木塞应先浸泡于乙醚中,后放入60℃或60℃以上的水中保持至少15 min,冷却后使用。不用时需浸泡在水中,浸泡用水每天更换1次。

4. 分析步骤

(1)试样碱水解。

①巴氏杀菌乳、灭菌乳、生乳、发酵乳、调制乳。

称取充分混匀试样10 g(精确至0.0001 g)于抽脂瓶中。加入2.0 mL氨水,充分混合后立即将抽脂瓶放入(65±5)℃的水浴中,加热15~20 min,不时取出振荡。取出后,冷却至室温。静置30 s。

②乳粉和婴幼儿食品。

称取混匀后的试样,高脂乳粉、全脂乳粉、全脂加糖乳粉和婴幼儿食品约1 g(精确至0.0001 g),脱脂乳粉、乳清粉、酪乳粉约1.5 g(精确至0.0001 g),用10 mL水,分次洗入抽脂瓶小球中,充分混合均匀。

③奶油、稀奶油。

先将奶油试样放入温水浴中溶解并混合均匀后,称取试样约0.5 g(精确至0.0001 g),稀奶油称取约1 g于抽脂瓶中,加入8~10 mL约45℃的水。再加2 mL氨水充分混匀。

④干酪。

称取约2 g研碎的试样(精确至0.0001 g)于抽脂瓶中,加10 mL、6 mol/L盐酸,混匀,盖上瓶塞,于沸水中加热20~30 min,取出冷却至室温,静置30 s。

(2)抽提。

①加入10 mL乙醇,缓和但彻底地进行混合,避免液体太接近瓶颈。如果需要,可加入2滴刚果红溶液。

②加入25 mL乙醚,塞上瓶塞,将抽脂瓶保持在水平位置,小球的延伸部分朝上夹到摇混器上,按约100次/min振荡1 min,也可采用手动振摇方式。但均应注意避免形成持久乳化液。抽脂瓶冷却后小心地打开塞子,用少量的混合溶剂冲洗塞子和瓶颈,使冲洗液流入抽脂瓶。

③加入25 mL石油醚,塞上重新润湿的塞子,按②轻轻振荡30 s。

④将加塞的抽脂瓶放入离心机中,在500~600 r/min下离心5 min,否则将抽脂瓶静置至少30 min,直到上层液澄清,并明显与水相分离。

⑤小心地打开瓶塞,用少量的混合溶剂冲洗塞子和瓶颈内壁,使冲洗液流入抽脂瓶。

如果两相界面低于小球与瓶身相接处,则沿瓶壁边缘慢慢地加入水,使液面高于小球和瓶身相接处[图 5-5(a)],以便于倾倒。

⑥将上层液尽可能地倒入已准备好的加入沸石的脂肪收集瓶中,避免倒出水层[图 5-5(b)]。

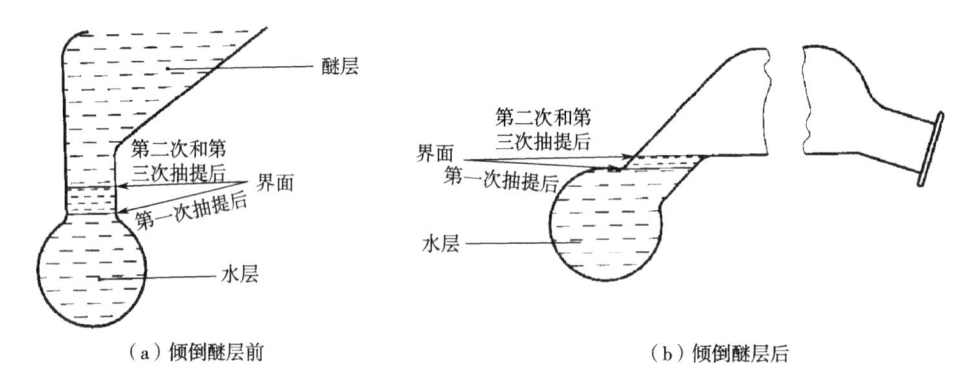

(a)倾倒醚层前　　　　　　　　(b)倾倒醚层后

图 5-5　操作示意图

⑦用少量混合溶剂冲洗瓶颈外部,冲洗液收集在脂肪收集瓶中。应防止溶剂溅到抽脂瓶的外面。

⑧向抽脂瓶中加入 5 mL 乙醇,用乙醇冲洗瓶颈内壁,按①进行混合。重复②~⑦操作,用 15 mL 无水乙醚和 15 mL 石油醚,进行第 2 次抽提。

⑨重复②~⑦操作,用 15 mL 无水乙醚和 15 mL 石油醚,进行第 3 次抽提。

⑩空白试验与样品检验同时进行,采用 10 mL 水代替试样,使用相同步骤和相同试剂。

(3)称量。

合并所有提取液,既可采用蒸馏的方法除去脂肪收集瓶中的溶剂,也可于沸水浴上蒸发至干来除掉溶剂。蒸馏前用少量混合溶剂冲洗瓶颈内部。将脂肪收集瓶放入(100 ± 5)℃的烘箱中干燥 1 h,取出后置于干燥器内冷却 0.5 h 后称量。重复以上操作直至恒重(直至两次称量的差不超过 2 mg)。

5. 分析结果的表述

试样中脂肪含量的计算公式如式(5-2)所示。

$$X = \frac{(m_1 - m_2) - (m_3 - m_4)}{m} \times 100 \quad (5-2)$$

式中:X——试样中脂肪的含量,g/100 g;

m_1——恒重后收集瓶和脂肪的含量,g;

m_2——收集瓶的质量,g;

m_3——空白试验中,恒重后收集瓶和脂肪的含量,g;

m_4——空白试验中脂肪收集瓶的质量,g;

m——试样的质量,g;

100——换算系数。

6. 精密度

当样品中脂肪含量≥15%时,三次独立测定结果之差≤0.3 g/100 g。

当样品中脂肪含量在5%～15%时,三次独立测定结果之差≤0.2 g/100 g。

当样品中脂肪含量≤5%时,三次独立测定结果之差≤0.1 g/100 g。

八、非脂乳固体的检测

非脂乳固体是指牛奶中除了脂肪(一般刚从奶牛乳房中挤出的鲜牛奶脂肪含量为3%左右,根据季节不同略有区别)和水分之外的物质总称。

1. 范围

本方法规定了生乳、巴氏杀菌乳、灭菌乳、调制乳、发酵乳中非脂乳固体的测定方法。本方法适用于生乳、巴氏杀菌乳、灭菌乳、调制乳、发酵乳中非脂乳固体的测定。

2. 原理

先分别测定出乳及乳制品中的总固体含量、脂肪含量(如添加了蔗糖等非乳成分含量,也应扣除),再用总固体减去脂肪和蔗糖等非乳成分含量,即为非脂乳固体。

3. 试剂和材料

除非另有规定,本方法所用试剂均为分析纯,水为GB/T 6682规定的三级水。

平底皿盒:高20～25 mm,直径50～70 mm的带盖不锈钢或铝皿盒,或玻璃称量皿。

短玻璃棒:适合于皿盒的直径,可斜放在皿盒内,不影响盖盖。

石英砂或海砂:可通过500 μm孔径的筛子,不能通过180 μm孔径的筛子,并通过下列适用性测试:将约20 g的海砂同短玻棒一起放于一皿盒中,然后敞盖在(100±2)℃的干燥箱中至少烘2 h。把皿盒盖盖后放入干燥器中冷却至室温后称量,准确至 0.1 mg。用 5 mL 水将海砂润湿,用短玻棒混合海砂和水,将其再次放入干燥箱中干燥 4 h。把皿盒盖盖后放入干燥器中冷却至室温后称量,精确至 0.1 mg,两次称量的差不应超过 0.5 mg。如果两次称量的质量差超过了 0.5 mg,则需对海砂进行下面的处理后,才能使用。将海砂在体积分数为 25% 的盐酸溶液中浸泡 3 天,经常搅拌。尽可能地倾出上清液,用水洗涤海砂,直到中性。在 160℃条件下加热海砂 4 h。然后重复进行适用性测试。

4. 仪器和设备

天平:感量为 0.1 mg;干燥箱;水浴锅。

5. 分析步骤

(1)总固体的测定。

在平底皿盒中加入 20 g 石英砂或海砂,在(100 ± 2)℃的干燥箱中干燥 2 h,于干燥器冷却 0.5 h,称量,并反复干燥至恒重。称取 5.0 g(精确至 0.0001 g)试样于恒重的皿内,置水浴上蒸干,擦去皿外的水渍,于(100 ± 2)℃干燥箱中干燥 3 h,取出放入干燥器中冷却 0.5 h,称量,再于(100 ± 2)℃干燥箱中干燥 1 h,取出冷却后称量,至前后两次质量相差不超过 1.0 mg。试样中总固体的含量按式(5-3)计算:

$$X = \frac{m_1 - m_2}{m} \times 100 \qquad (5-3)$$

式中:X——试样中总固体的含量,g/100 g;

　　m_1——皿盒、海砂加试样干燥后质量,g;

　　m_2——皿盒、海砂的质量,g;

　　m——试样的质量,g。

(2)脂肪的测定(按 GB 5413.3 中规定的方法测定)。

(3)蔗糖的测定(按 GB 5413.5 中规定的方法测定)。

6. 分析结果的表述[式(5-4)]

$$X_{NFT} = X - X_1 - X_2 \qquad (5-4)$$

式中:X_{NFT}——试样中非脂乳固体的含量,g/100 g;

　　X——试样中总固体的含量,g/100 g;

　　X_1——试样中脂肪的含量,g/100 g;

　　X_2——试样中蔗糖的含量,g/100 g。

以重复性条件下获得的三次独立测定结果的算术平均值表示,结果保留三位有效数字。

九、杂质度的检测

杂质度是指乳中含有的杂质的量,是衡量乳品质量的重要指标。杂质主要是指乳品在生产及运输的过程中带入的草、沙及灰尘等异物。在 GB 19301—2010《食品安全国家标准 生乳》中明确规定生鲜乳的杂质度必须≤4.0 mg/kg。杂质度作为评价生乳质量状况的指标之一,较少受到关注。一方面,是由于生乳中的杂质主要是由某些人为因素引起,如挤奶时落入奶桶的毛发、牛舍中饲料的漂浮物等,这些因素只要加强管理、规范操作,基本能够排除;另一方面,生乳在收集到贮存罐内之前,都要经过过滤的步骤,将生乳中的大部分颗粒滤除,只残留有少量细小的颗粒,所以杂质度对生乳质量的影响较小。

1. **范围**

本方法规定了乳和乳制品杂质度的测定方法。

本方法适用于生鲜乳、巴氏杀菌乳、灭菌乳、炼乳及乳粉杂质度的测定,不适用于添加影响过滤的物质及不溶性有色物质的乳和乳制品。

2. **原理**

生鲜乳、液体乳、用水复原的乳粉类样品经杂质度过滤板过滤,根据残留于杂质度过滤板上直观可见非白色杂质与杂质度参考标准板比对确定样品杂质的限量。

3. **试剂和材料**

除非另有说明,本方法所用试剂均为分析纯,水为 GB/T 6682 规定的三级水。

(1)杂质度过滤板:直径 32 mm、质量(135 ± 15)mg、厚度 0.8~1.0 mm 的白色棉质板,应符合附录 A 的要求。杂质度过滤板按附录 A 进行检验。

(2)杂质度参考标准板:杂质度参考标准板的制作方法见附录 B。

4. **仪器和设备**

天平:感量为 0.1 g。

过滤设备:杂质度过滤机或抽滤瓶,可采用正压或负压的方式实现快速过滤(每升水的过滤时间为 10~15 s)。安放杂质度过滤板后的有效过滤直径为(28.6 ± 0.1)mm。

5. **分析步骤**

(1)样品溶液的制备。

①液体乳样品充分混匀后,用量筒量取 500 mL 立即测定。

②准确称取(62.5±0.1)g乳粉样品于1000 mL烧杯中,加入500 mL、(40±2)℃的水,充分搅拌溶解后,立即测定。

(2)测定。

将杂质度过滤板放置在过滤设备上,将制备的样品溶液倒入过滤设备的漏斗中,但不得溢出漏斗,过滤。用水多次洗净烧杯,并将洗液转入漏斗过滤。分次用洗瓶洗净漏斗过滤,滤干后取出杂质度过滤板,与杂质度标准板比对即得样品杂质度。

6. 分析结果的表述

过滤后的杂质度过滤板与杂质度参考标准板比对得出的结果,即为该样品的杂质度。

当杂质度过滤板上的杂质量介于两个级别之间时,应判定为杂质量较多的级别。如出现纤维等外来异物,判定杂质度超过最大值。

7. 精密度

按本方法对同一样品做三次测定,其结果应小于规定的误差。

十、酸度的检测

1. 范围

本方法规定了生乳及乳制品、淀粉及其衍生物酸度和粮食及制品酸度的测定方法。

本方法第一法适用于生乳及乳制品、淀粉及其衍生物、粮食及制品酸度的测定;第二法适用乳粉酸度的测定;第三法适用于乳及其他乳制品中酸度的测定。

2. 原理

试样经过处理后,以酚酞作为指示剂,用0.1000 mol/L氢氧化钠标准溶液滴定至中性,消耗氢氧化钠溶液的体积数,经计算确定试样的酸度。

3. 试剂和材料

除非另有说明,本方法所用试剂均为分析纯,水为GB/T 6682规定的三级水。

(1)试剂。

氢氧化钠(NaOH);七水硫酸钴($CoSO_4 \cdot 7H_2O$);酚酞;95%乙醇;乙醚;氮气:纯度为98%;三氯甲烷($CHCl_3$)。

(2)试剂配制。

①氢氧化钠标准溶液(0.1000 mol/L)。称取0.75 g于105~110℃电烘箱中

干燥至恒重的工作基准试剂邻苯二甲酸氢钾,加 50 mL 无二氧化碳的水溶解,加 2 滴酚酞指示液(10 g/L),用配制好的氢氧化钠溶液滴定至溶液呈粉红色,并保持 30 s。同时做空白试验。

注:把二氧化碳(CO_2)限制在洗涤瓶或者干燥管,避免滴管中 NaOH 因吸收 CO_2 而影响其浓度。可通过盛有氢氧化钠溶液洗涤瓶连接的装有氢氧化钠溶液的滴定管,或者通过连接装有新鲜氢氧化钠或氧化钙的滴定管末尾而形成一个封闭的体系,避免此溶液吸收二氧化碳(CO_2)。

②参比溶液。将 3g 七水硫酸钴溶解于水中,并定容至 100 mL。

③酚酞指示液。称取 0.5 g 酚酞溶于 75 mL 体积分数为 95% 的乙醇中,并加入 20 mL 水,然后滴加氢氧化钠标准溶液至微粉色,再加入水定容至 100 mL。

④中性乙醇—乙醚混合液。取等体积的乙醇、乙醚混合后加 3 滴酚酞指示液,以氢氧化钠溶液(0.1 mol/L)滴至微红色。

⑤不含二氧化碳的蒸馏水。将水煮沸 15 min,逐出二氧化碳,冷却,密闭。

4. 仪器和设备

分析天平:感量为 0.001 g;碱式滴定管:容量 10 mL,最小刻度 0.05 mL;碱式滴定管:容量 25 mL,最小刻度 0.1 mL;水浴锅;锥形瓶:100 mL、150 mL、250 mL;具塞磨口锥形瓶:250 mL;粉碎机:可使粉碎的样品 95% 以上通过 CQ16 筛[相当于孔径 0.425 mm(40 目)],粉碎样品时磨腔不应发热;振荡器:往返式,振荡频率为 100 次/min;中速定性滤纸;移液管:10 mL、20 mL;量筒:50 mL、250 mL;玻璃漏斗和漏斗架。

5. 分析步骤

(1)乳粉。

①试样制备。将样品全部移入约两倍于样品体积的洁净干燥容器中(带密封盖),立即盖紧容器,反复旋转振荡,使样品彻底混合。在此操作过程中,应尽量避免样品暴露在空气中。

②测定。称取 4g 样品(精确到 0.01 g)于 250 mL 锥形瓶中。用量筒量取 96 mL 约 20℃ 的不含 CO_2 的蒸馏水,使样品复溶,搅拌,然后静置 20 min。

参比溶液的制备:向一只装有 96 mL 约 20℃ 的不含 CO_2 的蒸馏水的锥形瓶中加入 2.0 mL 参比溶液轻轻转动使之混合得到标准参比颜色。如果要测定多个相似的产品,则此参比溶液可用于整个测定过程,但时间不得超过 2 h。

向另一只装有样品溶液的锥形瓶中加入 2.0 mL 酚酞指示液,轻轻转动,使之混合。用 25 mL 滴定管向该锥形瓶中滴加氢氧化钠溶液,边滴加边转动烧瓶,直到颜色与参比溶液的颜色相似,且 5 s 内不消退,整个滴定过程应在 45 s 内完成。滴定过程中,向锥形瓶中吹氮气,防止溶液吸收空气中的二氧化碳。记录所用氢氧化钠溶液的毫升数(V_1),精确至 0.05 mL,代入式(5-6)计算。

③空白滴定。用 96 mL 不含二氧化碳的蒸馏水做空白实验,读取所消耗氢氧化钠标准溶液的毫升数(V_0)。空白所消耗的氢氧化钠的体积应不小于零,否则应重新制备和使用符合要求的蒸馏水。

(2)乳及其他乳制品。

①制备参比溶液。向装有等体积相应溶液的锥形瓶中加入 2.0 mL 参比溶液,轻轻转动,使之混合,得到标准参比颜色如果要测定多个相似的产品,则此参比溶液可用于整个测定过程,但时间不得超过 2 h。

②巴氏杀菌乳、灭菌乳、生乳、发酵乳。称取 10 g(精确到 0.001 g)已混匀的试样,置于 150 mL 锥形瓶中,加 20 mL 新煮沸冷却至室温的水,混匀,加入 2.0 mL 酚酞指示液,混匀后用氢氧化钠标准溶液滴定,边滴加边转动烧瓶,直到颜色与参比溶液的颜色相似,且 5 s 内不消退,整个滴定过程应在 45 s 内完成。滴定过程中,向锥形瓶中吹氮气,防止溶液吸收空气中的二氧化碳。记录消耗的氢氧化钠标准滴定溶液毫升数(V_2),代入式(5-6)中进行计算。

③奶油。称取 10 g(精确到 0.001 g)已混匀的试样,置于 250 mL 锥形瓶中,加 30 mL 中性乙醇—乙醚混合液,混匀,加入 2.0 mL 酚酞指示液,混匀后用氢氧化钠标准溶液滴定,边滴加边转动烧瓶,直到颜色与参比溶液的颜色相似,且 5 s 内不消退,整个滴定过程应在 45 s 内完成。滴定过程中,向锥形瓶中吹氮气,防止溶液吸收空气中的二氧化碳。记录消耗的氢氧化钠标准滴定溶液毫升数(V_2),代入式(5-6)中进行计算。

④炼乳。称取 10 g(精确到 0.001 g)已混匀的试样,置于 250 mL 锥形瓶中,加 60 mL 新煮沸冷却至室温的水溶解,混匀,加入 2.0 mL 酚酞指示液,混匀后用氢氧化钠标准溶液滴定,边滴加边转动烧瓶,直到颜色与参比溶液的颜色相似,且 5 s 内不消退,整个滴定过程应在 45 s 内完成。滴定过程中,向锥形瓶中吹氮气,防止溶液吸收空气中的二氧化碳。记录消耗的氢氧化钠标准滴定溶液毫升数(V_2),代入式(5-6)中进行计算。

⑤干酪素。称取 5 g(精确到 0.001 g)经研磨混匀的试样于锥形瓶中,加入 50 mL 不含 CO_2 的蒸馏水,于室温下(18~20℃)放置 4~5 h,或在水浴锅中加热到 45℃并在此温度下保持 30 min,再加 50 mL 不含 CO_2 的蒸馏水,混匀后,通过干燥的滤纸过滤。吸取滤液 50 mL 于锥形瓶中,加入 2.0 mL 酚酞指示液,混

匀后用氢氧化钠标准溶液滴定,边滴加边转动烧瓶,直到颜色与参比溶液的颜色相似,且 5 s 内不消退,整个滴定过程应在 45 s 内完成。滴定过程中,向锥形瓶中吹氮气,防止溶液吸收空气中的二氧化碳。记录消耗的氢氧化钠标准滴定溶液毫升数(V_3),代入式(5-7)进行计算。

⑥空白滴定。用等体积的水做空白实验,读取耗用氢氧化钠标准溶液的毫升数(V_0)(适用于②、④、⑤)。用 30 mL 中性乙醇—乙醚混合液做空白实验,读取耗用氢氧化钠标准溶液的毫升数(V_0)(适用于 5.2.3)。

空白所消耗的氢氧化钠的体积应不小于零,否则应重新制备和使用符合要求的蒸馏水或中性乙醇—乙醚混合液。

6. 分析结果的表述

①乳粉试样中的酸度数值以(°T)表示,按式(5-5)计算:

$$X_1 = \frac{c_1 \times (V_1 - V_0) \times 12}{m_1 \times (1 - w) \times 0.1} \qquad (5-5)$$

式中:X_1——试样的酸度,°T[以 100 g 干物质为 12%的复原乳所消耗的 0.1 mol/L 氢氧化钠毫升数计,单位为毫升每 100 克(mL/100 g)];

c_1——氢氧化钠标准溶液的浓度,mol/L;

V_1——滴定时所消耗氢氧化钠标准溶液的体积,mL;

V_0——空白实验所消耗氢氧化钠标准溶液的体积,mL;

12——12 g 乳粉相当 100 mL 复原乳(脱脂乳粉应为 9,脱脂乳清粉应为 7);

m_1——称取样品的质量,g;

w——试样中水分的质量分数,g/100 g;

$1-w$——试样中乳粉的质量分数,g/100 g;

0.1——酸度理论定义氢氧化钠的摩尔浓度,mol/L。

以重复性条件下获得的三次独立测定结果的算术平均值表示,结果保留三位有效数字。

注:若以乳酸含量表示样品的酸度,那么样品的乳酸含量(g/100 g)= $T \times 0.009$。T 为样品的滴定酸度(0.009 为乳酸的换算系数,即 1 mL 0.1 mol/L 的氢氧化钠标准溶液相当于 0.009 g 乳酸)。

②巴氏杀菌乳、灭菌乳、生乳、发酵乳、奶油和炼乳试样中的酸度数值以(°T)表示,按式(5-6)计算:

$$X_2 = \frac{c_2 \times (V_2 - V_0) \times 100}{m_2 \times 0.1} \quad (5-6)$$

式中：X_2——试样的酸度，°T[以100 g样品所消耗的0.1 mol/L氢氧化钠毫升数计，单位为毫升每100克(mL/100 g)]；

c_2——氢氧化钠标准溶液的摩尔浓度，mol/L；

V_2——滴定时所消耗氢氧化钠标准溶液的体积，mL；

V_0——空白实验所消耗氢氧化钠标准溶液的体积，mL；

100——100 g试样；

m_2——试样的质量，g；

0.1——酸度理论定义氢氧化钠的摩尔浓度，mol/L。

以重复性条件下获得的三次独立测定结果的算术平均值表示，结果保留三位有效数字。

③干酪素试样中的酸度数值以(°T)表示，按式(5-7)计算：

$$X_3 = \frac{c_3 \times (V_3 - V_0) \times 100 \times 2}{m_3 \times 0.1} \quad (5-7)$$

式中：X_3——试样的酸度，°T[以100 g样品所消耗的0.1 mol/L氢氧化钠毫升数计，单位为毫升每100克(mL/100 g)]；

c_3——氢氧化钠标准溶液的摩尔浓度，mol/L；

V_3——滴定时所消耗氢氧化钠标准溶液的体积，mL；

V_0——空白实验所消耗氢氧化钠标准溶液的体积，mL；

100——100 g试样；

2——试样的稀释倍数；

m_3——试样的质量，g；

0.1——酸度理论定义氢氧化钠的摩尔浓度，mol/L。

以重复性条件下获得的三次独立测定结果的算术平均值表示，结果保留三位有效数字。

7. 精密度

在重复性条件下获得的三次独立测定结果的绝对差值不得超过算术平均值的10%。

十一、相对密度的检测

1. 范围

本方法规定了液体试样相对密度的测定方法。本方法适用于液体试样相对密度的测定。

2. 原理

比重计利用了阿基米德原理,将待测液体倒入一个较高的容器,再将比重计放入液体中。比重计下沉到一定高度后呈漂浮状态。此时液面的位置在玻璃管上所对应的刻度就是该液体的密度。测得试样和水的密度的比值即为相对密度。

3. 仪器和设备

比重计:上部细管中有刻度标签,表示密度读数。

4. 分析步骤

将比重计洗净擦干,缓缓放入盛有待测液体试样的适当量筒中,勿使其碰及容器四周及底部,保持试样温度在20℃,待其静置后,再轻轻按下少许,然后待其自然上升,静置至无气泡冒出后,从水平位置观察与液面相交处的刻度,即为试样的密度。分别测试试样和水的密度,两者比值即为试样相对密度。

5. 精密度

在重复性条件下获得的两次独立测定结果的绝对差值不得超过算术平均值的5%。

十二、牛奶中碱性物质的检测

1. 原理

常见的碱性物质有苏打、碱面、碱性清洗剂等。由于牛奶营养丰富,微生物易于繁殖,特别是在夏天容易酸败;奶农为了掩盖酸败,常常会加碱。本试剂盒用于牛奶中加入碱性物质的快速检测。试剂盒组分见表5-5。

表5-5 试剂盒组分

名称	数量	名称	数量
检测试剂	10 mL	说明书	1份

2. 操作步骤

取牛奶2 mL于试管中,使试管倾斜,沿管壁小心加入0.5 mL检测试剂,然后缓慢转动3~5次,轻摇,2 min后观察环层颜色变化。结果判读见表5-6。

表5-6 结果对照表环层颜色变化与判定

环层颜色	含碱量	结果判读
黄色	无碱	合格乳

续表

环层颜色	含碱量	结果判读
黄绿色	0.03%	异常乳
淡绿色	0.05%	异常乳
绿色	0.1%	严重异常乳

注意事项:试剂在4~30℃阴凉避光干燥处保存,有效期为1年。

十三、亚硝酸盐、硝酸盐的检测(试剂盒法)

1. 原理

亚硝酸盐广泛存在于自然界,在乳与乳制品中都有一定的含量。亚硝酸盐与食品中固有的胺类化合物是产生致癌物质——亚硝胺的前体物质,是潜在的致癌物质,亚硝酸盐与硝酸盐在一定条件下会进行转变,亚硝酸盐含量过高会引起高铁血红蛋白症。因此,快速对乳及乳制品亚硝酸盐、硝酸盐含量的检测和控制是非常必要的。

2. 操作步骤

(1)硝酸盐检测。

取生鲜乳样4 mL于干净、干燥的试管中,加入固体试剂(1#试剂试剂盒自带)0.6 g,振荡5 min,若试管中牛乳呈红色(阳性),说明生鲜乳中硝酸盐的含量超出正常值。

(2)亚硝酸盐检测。

取生鲜乳样3 mL于干净干燥的试管中,加入固体试剂(2#试剂试剂盒自带)0.3 g,振荡5 min,若试管中牛乳呈红色(阳性),说明生鲜乳中亚硝酸盐的含量超出正常值。

颜色出现快、浑,说明超出正常值过多。

3. 注意事项

(1)振荡时间,看药品完全反应,必要时可加热。

(2)任何一种试验均在室温下进行。

十四、农兽药残留的检测

1. 原理

在很多不合格的食品检测中,农兽药残留、重金属残留都是一个挥之不去的问题,农兽药残留问题不仅影响农业生产,同样影响着乳及乳制品的安全。究其原因,主要包括以下内容。

(1)农业生产过程中常常会发生病虫草害,需要利用农药来进行预防和防止。

(2)一些人对农兽药残留问题的不科学认知,过多使用农药,污染水体、土壤及作物,进而影响乳及乳制品的安全性。

(3)一些奶户为提高奶牛的免疫力,违法使用过量的兽药和各种抗生素。免疫学检测法可以快速准确地初步判定乳及乳制品的安全性。

2. 检测种类

常见的检测用品包括 β-内酰胺类抗生素快速检测试纸条、三聚氰胺快速检测试纸条、苯甲酸快速检测试纸条、蛋白质快速检测盒、成品奶中黄曲霉毒素 M_1 快速检测试纸条、硫氰酸盐、皮革水解蛋白、双氧水、呕吐毒素、玉米赤霉烯酮、磺胺类、卡那霉素、链霉素、庆大霉素、氟喹诺酮类、四环素类、林可霉素、氯霉素类抗生素标准品(氯霉素、氟苯尼考、甲砜霉素)等。乳中常见的可检测的农兽药残留的种类包括三聚氰胺、β-内酰胺类、头孢氨苄三合一、氟喹诺酮类抗生素、四环素、磺胺类抗生素三合一等。

以乳中 β-内酰胺类抗生素快速检测为例,对乳及乳制品中农兽药残留的检测进行描述。

3. 检测方法及工具

(1)检测方法介绍。

乳中 β-内酰胺类抗生素快速检测试纸条利用胶体金免疫层析技术,可快速检测乳中 β-内酰胺类抗生素残留。检测时间 6 min。

(2)检测参数。

特异性:本产品与磺胺类、氟喹诺酮类、四环素类、氯霉素类和三聚氰胺等无交叉反应。

(3)试剂盒储存及有效期。

存放于 2~8℃避光保存,有效期为 12 个月。

(4)试剂盒产品组成(96 份/盒)。

含 1 份使用说明书和 12 个密封的试剂筒,每筒内含:1 条 8 孔红色试剂微孔板和 8 条检测试纸条。

(5)辅助设备。

计时器、温育器、单道移液器(20~200 μL)、读数仪(可选)。

4. 操作步骤

①取 200 μL 奶样加入红色试剂微孔中,抽吸 5~10 次直至微孔试剂混合均匀,(40 ± 2)℃温育 3 min。

②将试纸条插入红色试剂微孔中,(40 ± 2)℃温育 3 min。

③从微孔中取出试纸条,轻轻刮去试纸条下端的样品垫,并进行结果判读。

5. 结果判读

(1)目测。

控制线(C 线)正常显色的情况下,通过检测线(T 线)与控制线(C 线)颜色深浅比较结果判断。

(2)结果分析。

①T 线>C 线表明阴性,说明样品中 β-内酰胺类抗生素含量低于本产品的检出限。

②T 线≈C 线表明弱阳性,说明样品中 β-内酰胺类抗生素含量在本产品的检出限附近。

③T 线<C 线或 T 线不显色表明阳性,说明样品中 β-内酰胺类抗生素含量高于本产品的检出限。

(3)判读规则。

①如果控制线(C 线)和检测线(T 线)均不显色,检测结果无效,建议重复测试一次。

②如果控制线(C 线)显色弱,肉眼观察颜色不明显,但检测线(T 线)显色正常,建议使用读数仪判读。读数仪的具体操作步骤,请参照读数仪的使用说明书。若读数仪能正常读出数值,结果依旧判为阴性;若读数仪无法正常读出数值,表明 C 线完全不显色,检测结果无效,建议重复测试一次。

③阴性结果 $R>1.1$,弱阳性结果 $0.9 \leqslant R \leqslant 1.1$,阳性结果 $R<0.9$。

6. 注意事项

(1)样品要求。

①待测生鲜乳、全脂奶粉、巴氏杀菌乳样品最佳保存条件为 2~8℃,保存时间不得超过 3 天。

②避免使用已经结块或感官性状异常的样品,避免使用初乳。样品检测前要混合均匀,理想样品温度为 20~25℃。

③全脂奶粉按照 1∶9 的比例进行还原,即 10 g 奶粉溶于 90 mL 水,充分混合均匀。

(2)其他注意事项。

①请勿混用来自不同批号的试纸条和试剂微孔,请勿使用超过有效期的产品。

②试纸条和试剂微孔均为一次性使用,请不要触摸试纸条中央的白色膜面。

③已经开封的试剂请密封后按要求储存,并建议在一周内使用完毕。

④检测前建议样品充分搅拌混匀,这样检测结果才能真实反映样品中实际药物残留情况。

⑤在第二步反应结束后 5 min 内读取结果,超过 5 min 后的结果判读无效。

⑥遇到脂肪含量高的样品,向试纸条上端层析速度会比较慢,建议第二步反应时间延长 60 s。

⑦遇到样品检测结果呈阳性,建议重复测试一次。

⑧试纸条检测线出现明显断点,会影响检测结果,建议重复测试一次。

⑨本产品仅用于初筛,最终结果以该指标的官方仲裁方法为准。

十五、菌落总数测定

1. 范围

本方法规定了食品中菌落总数(aerobic plate count)的测定方法。

本方法适用于食品中菌落总数的测定。

2. 术语和定义

菌落总数:食品检样经过处理,在一定条件下(如培养基、培养温度和培养时间等)培养后,所得每 g(mL)检样中形成的微生物菌落总数。

3. 设备和材料

微生物实验室常规灭菌及培养设备;恒温培养箱:(36 ± 1)℃,(30 ± 1)℃;冰箱:2~5℃;恒温水浴箱:(46 ± 1)℃;天平:感量为 0.1 g;均质器;振荡器;无菌吸管:1 mL(具 0.01 mL 刻度)、10 mL(具 0.1 mL 刻度)或微量移液器及吸头;无菌锥形瓶:容量 250 mL、500 mL;菌培养皿:直径 90 mm;pH 计或 pH 比色管或精密 pH 试纸;放大镜或/和菌落计数器。

4. 培养基和试剂

(1)平板计数琼脂(plate count agar,PCA)培养基。

①成分。胰蛋白胨 5.0 g,酵母浸膏 2.5 g,葡萄糖 1.0 g,琼脂 15.0 g,蒸馏水 1000 mL。

②制法。将上述成分加于蒸馏水中,煮沸溶解,调节 pH 至(7.0 ± 0.2)。分

装试管或锥形瓶,121℃高压灭菌 15 min。

(2)磷酸盐缓冲液。

①成分。磷酸二氢钾(KH_2PO_4)34.0 g,蒸馏水 500 mL。

②制法。贮存液:称取 34.0 g 的磷酸二氢钾溶于 500 mL 蒸馏水中,用大约 175 mL 的 1 mol/L 氢氧化钠溶液调节 pH 至 7.2,用蒸馏水稀释至 1000 mL 后贮存于冰箱。稀释液:取贮存液 1.25 mL,用蒸馏水稀释至 1000 mL,分装于适宜容器中,121℃高压灭菌 15 min。

(3)无菌生理盐水。

①成分。氯化钠 8.5 g,蒸馏水 1000 mL。

②制法。称取 8.5 g 氯化钠溶于 1000 mL 蒸馏水中,121℃高压灭菌 15 min。

5. 检验程序

菌落总数的检验程序见图 5-6。

```
┌─────────────────────────────┐
│         检样                 │
│ 25 g (mL)样品+225 mL稀释液,均质 │
└─────────────────────────────┘
              │
┌─────────────────────────────┐
│      10倍系列稀释             │
└─────────────────────────────┘
              │
┌─────────────────────────────┐
│  选择2~3个适宜稀释度的样品均液,  │
│  各取1 mL分别加入无菌培养皿中     │
└─────────────────────────────┘
              │
┌─────────────────────────────┐
│   每皿中加入15~20 mL          │
│   平板计数琼脂培养基,混匀       │
└─────────────────────────────┘
              │
┌─────────────────────────────┐
│          培养                │
└─────────────────────────────┘
              │
┌─────────────────────────────┐
│      计数各平板菌落数          │
└─────────────────────────────┘
              │
┌─────────────────────────────┐
│          报告                │
└─────────────────────────────┘
```

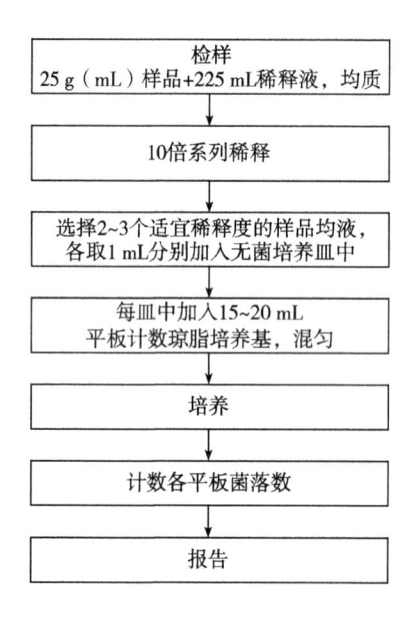

图 5-6 菌落总数的检验程序

6. 操作步骤

(1)样品的稀释。

固体和半固体样品:称取 25 g 样品置盛有 225 mL 磷酸盐缓冲液或生理盐水的无菌均质杯内,8000~10000 r/min 均质 1~2 min,或放入盛有 225 mL 稀释液的无菌均质袋中,用拍击式均质器拍打 1~2 min,制成 1∶10 的样品匀液。

液体样品:以无菌吸管吸取 25 mL 样品置盛有 225 mL 磷酸盐缓冲液或生理盐水的无菌锥形瓶(瓶内预置适当数量的无菌玻璃珠)中,充分混匀,制成 1∶10 的样品匀液。

用 1 mL 无菌吸管或微量移液器吸取 1∶10 样品匀液 1 mL,沿管壁缓慢注于盛有 9 mL 稀释液的无菌试管中(注意吸管或吸头尖端不要触及稀释液面),振摇试管或换用 1 支无菌吸管反复吹打使其混合均匀,制成 1∶100 的样品匀液。按此操作,制备 10 倍系列稀释样品匀液。每递增稀释一次,换用 1 次 1 mL 无菌吸管或吸头。

根据对样品污染状况的估计,选择 2~3 个适宜稀释度的样品匀液(液体样品可包括原液),在进行 10 倍递增稀释时,吸取 1 mL 样品匀液于无菌平皿内,每个稀释度做两个平皿。同时,分别吸取 1 mL 空白稀释液加入两个无菌平皿内作空白对照。

及时将 15~20 mL 冷却至 46℃ 的平板计数琼脂培养基[可放置于(46±1)℃恒温水浴箱中保温]倾注平皿,并转动平皿使其混合均匀。

(2)培养。

待琼脂凝固后,将平板翻转,(36±1)℃培养(48±2)h。水产品(30±1)℃培养(72±3)h。

如果样品中可能含有在琼脂培养基表面弥漫生长的菌落时,可在凝固后的琼脂表面覆盖一薄层琼脂培养基(约 4 mL),凝固后翻转平板再培养。

(3)菌落计数。

可用肉眼观察,必要时用放大镜或菌落计数器,记录稀释倍数和相应的菌落数量。菌落计数以菌落形成单位(CFU)表示。

选取菌落数在 30~300 CFU、无蔓延菌落生长的平板计数菌落总数。低于 30 CFU 的平板记录具体菌落数,大于 300 CFU 的可记录为多不可计。每个稀释度的菌落数应采用两个平板的平均数。

其中一个平板有较大片状菌落生长时,则不宜采用,而应以无片状菌落生长的平板作为该稀释度的菌落数;若片状菌落不到平板的一半,而其余一半中菌落分布又很均匀,即可计算半个平板后乘以 2,代表一个平板菌落数。

当平板上出现菌落间无明显界线的链状生长时,则将每条单链作为一个菌落计数。

7. 结果与报告

(1)菌落总数的计算方法。

①若只有一个稀释度平板上的菌落数在适宜计数范围内,计算两个平板菌落数的平均值,再将平均值乘以相应稀释倍数,作为每 g(mL)样品中菌落总数结果。

②若有两个连续稀释度的平板菌落数在适宜计数范围内时,按式(5-8)计算:

$$N = \frac{\sum C}{(n_1 + 0.1n_2)d} \tag{5-8}$$

式中:N——样品中菌落数;

$\sum C$——平板(含适宜范围菌落数的平板)菌落数之和;

n_1——第一稀释度(低稀释倍数)平板个数;

n_2——第二稀释度(高稀释倍数)平板个数;

d——稀释因子(第一稀释度)。

示例见表 5-7。

表 5-7 平板统计结果

稀释度	1∶100(第一稀释度)	1∶1000(第二稀释度)
菌落数(CFU)	232 244	33 35

上述数据按式(5-9)数字修约后,表示为 25 000 或 2.5×10^4。

$$N = \frac{\sum C}{(n_1 + 0.1n_2)d} = \frac{232 + 244 + 33 + 35}{[2 + (0.1 \times 2)] \times 10^{-2}} = \frac{544}{0.022} = 24727 \tag{5-9}$$

③若所有稀释度的平板上菌落数均大于 300 CFU,则对稀释度最高的平板进行计数,其他平板可记录为多不可计,结果按平均菌落数乘以最高稀释倍数计算。

④若所有稀释度的平板菌落数均小于 30 CFU,则应按稀释度最低的平均菌落数乘以稀释倍数计算。

⑤若所有稀释度(包括液体样品原液)平板均无菌落生长,则以小于 1 乘以最低稀释倍数计算。

⑥若所有稀释度的平板菌落数均不在 30~300 CFU,其中一部分小于 30 CFU 或大于 300 CFU 时,则以最接近 30 CFU 或 300 CFU 的平均菌落数乘以稀释倍数计算。

(2)菌落总数的报告。

①菌落数小于 100 CFU 时,按"四舍五入"原则修约,以整数报告。

②菌落数大于或等于 100 CFU 时,第 3 位数字采用"四舍五入"原则修约后,取前 2 位数字,后面用 0 代替位数;也可用 10 的指数形式来表示,按"四舍五入"原则修约后,采用两位有效数字。

③若所有平板上为蔓延菌落而无法计数,则报告菌落蔓延。

④若空白对照上有菌落生长,则此次检测结果无效。

⑤称重取样以 CFU/g 为单位报告,体积取样以 CFU/mL 为单位报告。

十六、大肠菌群计数

1. 范围

本方法规定了食品中大肠菌群计数的方法。

本方法适用于大肠菌群含量较高的食品中大肠菌群的计数。

2. 术语和定义

大肠菌群:在一定培养条件下能发酵乳糖、产酸产气的需氧和兼性厌氧革兰氏阴性无芽胞杆菌。

3. 检验原理

平板计数法:大肠菌群在固体培养基中发酵乳糖产酸,在指示剂的作用下形成可计数的红色或紫色,带有或不带有沉淀环的菌落。

4. 设备和材料

微生物实验室常规灭菌及培养设备;恒温培养箱:(36 ± 1)℃;冰箱:2~5℃;恒温水浴箱:(46 ± 1)℃;天平:感量为 0.1 g;均质器;振荡器;无菌吸管:1 mL(具 0.01 mL 刻度)、10 mL(具 0.1 mL 刻度)或微量移液器及吸头;无菌锥形瓶:容量 500 mL;无菌培养皿:直径 90 mm;pH 计或 pH 比色管或精密 pH 试纸;菌落计数器。

5. 培养基和试剂

(1)煌绿乳糖胆盐(BGLB)肉汤。

①成分。蛋白胨 10.0 g,乳糖 10.0 g,牛胆粉(oxgall 或 oxbile)溶液 200 mL,0.1%煌绿水溶液 13.3 mL,蒸馏水 800 mL。

②制法。将蛋白胨、乳糖溶于约 500 mL 蒸馏水中,加入牛胆粉溶液 200 mL(将 20.0 g 脱水牛胆粉溶于 200 mL 蒸馏水中,调节 pH 至 7.0~7.5),用蒸馏水稀释到 975 mL,调节 pH 至(7.2 ± 0.1),再加入 0.1%煌绿水溶液 13.3 mL,用蒸馏水补足到 1000 mL,用棉花过滤后,分装到有玻璃小倒管的试管中,每管 10 mL。121℃高压灭菌 15 min。

(2)结晶紫中性红胆盐琼脂(VRBA)。

①成分。蛋白胨 7.0 g,酵母膏 3.0 g,乳糖 10.0 g,氯化钠 5.0 g,胆盐或 3 号胆盐 1.5 g,中性红 0.03 g,结晶紫 0.002 g,琼脂 15~18 g,蒸馏水 1000 mL。

②制法。将上述成分溶于蒸馏水中,静置几分钟,充分搅拌,调节 pH 至 (7.4 ± 0.1)。煮沸 2 min,将培养基融化并恒温至 45~50℃倾注平板。使用前临时制备,不得超过 3 h。

(3)磷酸盐缓冲液。

①成分。磷酸二氢钾(KH_2PO_4)34.0 g,蒸馏水 500 mL。

②制法。贮存液:称取 34.0 g 的磷酸二氢钾溶于 500 mL 蒸馏水中,用大约 175 mL 的 1 mol/L 氢氧化钠溶液调节 pH 至(7.2 ± 0.2),用蒸馏水稀释至 1000 mL 后贮存于冰箱。稀释液:取贮存液 1.25 mL,用蒸馏水稀释至 1000 mL,分装于适宜容器中,121℃高压灭菌 15 min。

(4)无菌生理盐水。

①成分。氯化钠 8.5 g,蒸馏水 1000 mL。

②制法。称取 8.5 g 氯化钠溶于 1000 mL 蒸馏水中,121℃高压灭菌 15 min。

(5)1 mol/L NaOH 溶液。

①成分。NaOH 40.0 g,蒸馏水 1000 mL。

②制法。称取 40 g 氢氧化钠溶于 1000 mL 无菌蒸馏水中。

(6)1 mol/L HCl 溶液。

①成分。HCl 90 mL,蒸馏水 1000 mL。

②制法。移取浓盐酸 90 mL,用无菌蒸馏水稀释至 1000 mL。

6. 检验程序

大肠菌群平板计数法的检验程序见图 5-7。

7. 操作步骤

(1)样品稀释。

固体和半固体样品:称取 25 g 样品,放入盛有 225 mL 磷酸盐缓冲液或生理盐水的无菌均质杯内,8000~10000 r/min 均质 1~2 min,或放入盛有 225 mL 磷酸盐缓冲液或生理盐水的无菌均质袋中,用拍击式均质器拍打 1~2 min,制成 1∶10 的样品匀液。

液体样品:以无菌吸管吸取 25 mL 样品置盛有 225 mL 磷酸盐缓冲液或生理盐水的无菌锥形瓶(瓶内预置适当数量的无菌玻璃珠)或其他无菌容器中充分振摇或置于机械振荡器中振摇,充分混匀,制成 1∶10 的样品匀液。

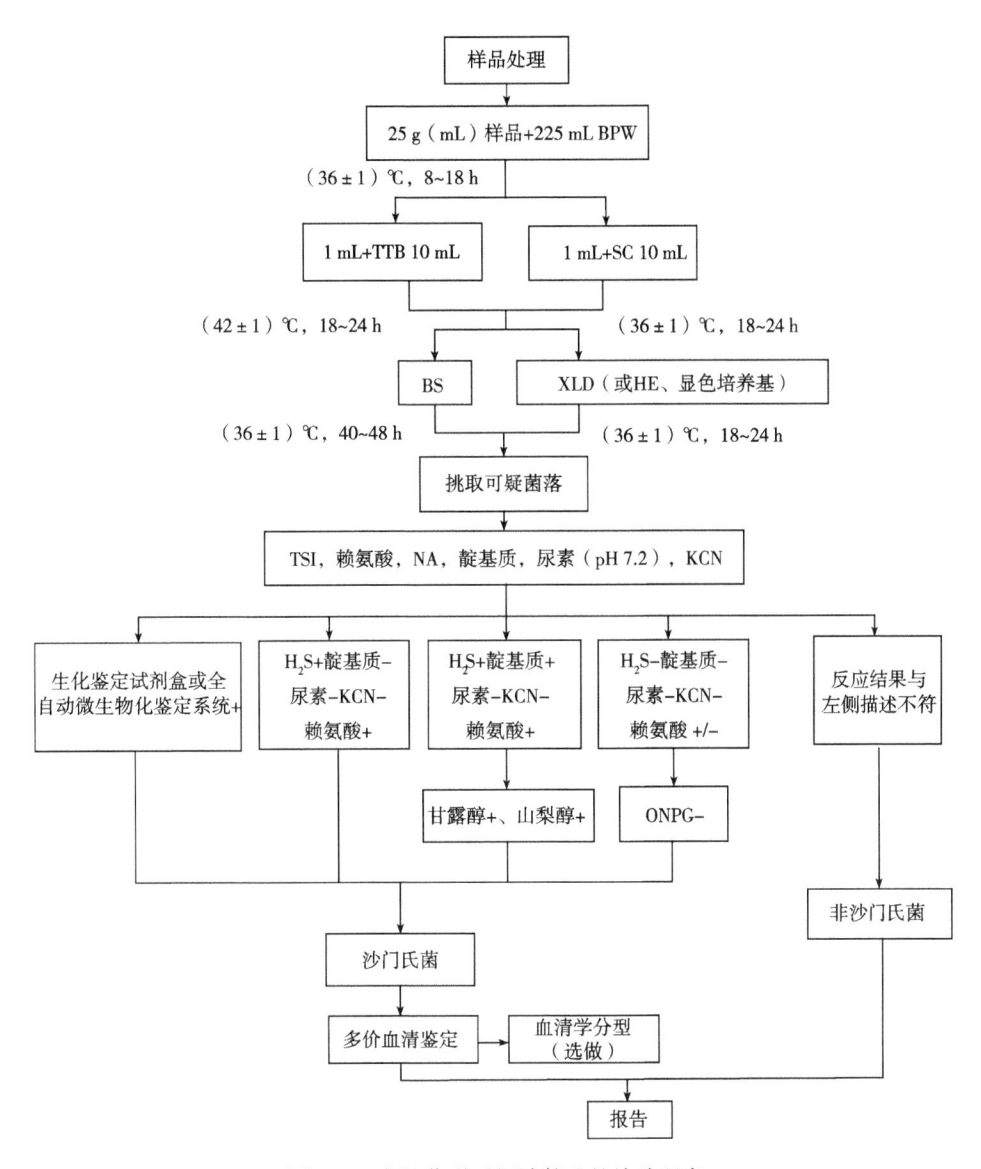

```
                           ┌──────────┐
                           │ 样品处理 │
                           └────┬─────┘
                                │
                    ┌───────────▼────────────┐
                    │ 25 g (mL) 样品+225 mL BPW │
                    └───────────┬────────────┘
                         (36±1)℃, 8~18 h
                    ┌───────────┴───────────┐
            ┌───────▼────────┐      ┌───────▼────────┐
            │ 1 mL+TTB 10 mL │      │ 1 mL+SC 10 mL  │
            └───────┬────────┘      └───────┬────────┘
            (42±1)℃, 18~24 h              (36±1)℃, 18~24 h
              ┌─────▼────┐         ┌───────▼────────────────┐
              │    BS    │         │ XLD（或HE、显色培养基） │
              └─────┬────┘         └───────┬────────────────┘
           (36±1)℃, 40~48 h           (36±1)℃, 18~24 h
                    └───────────┬───────────┘
                         ┌──────▼──────┐
                         │ 挑取可疑菌落 │
                         └──────┬──────┘
                  ┌─────────────▼─────────────────────┐
                  │ TSI, 赖氨酸, NA, 靛基质, 尿素(pH 7.2), KCN │
                  └─────────────┬─────────────────────┘
```

图 5-7　大肠菌群平板计数法的检验程序

样品匀液的 pH 应在 6.5~7.5，必要时分别用 1 mol/L NaOH 或 1 mol/L HCl 调节。

用 1 mL 无菌吸管或微量移液器吸取 1∶10 样品匀液 1 mL，沿管壁缓缓注入 9 mL 磷酸盐缓冲液或生理盐水的无菌试管中（注意吸管或吸头尖端不要触及稀释液面），振摇试管或换用 1 支 1 mL 无菌吸管反复吹打，使其混合均匀，制成1：100的样品匀液。

根据对样品污染状况的估计，按上述操作，依次制成10倍递增系列稀释样品匀液。每递增稀释1次，换用1支1 mL无菌吸管或吸头。从制备样品匀液至样品接种完毕，全过程不得超过15 min。

(2)平板计数。

选取2~3个适宜的连续稀释度，每个稀释度接种2个无菌平皿，每皿1 mL。同时取1 mL生理盐水加入无菌平皿作空白对照。

及时将15~20 mL融化并恒温至46℃的结晶紫中性红胆盐琼脂(VRBA)倾注于每个平皿中。小心旋转平皿，将培养基与样液充分混匀，待琼脂凝固后，再加3~4 mL VRBA覆盖平板表层。翻转平板，置于(36±1)℃培养18~24 h。

(3)平板菌落数的选择。

选取菌落数在15~150 CFU的平板，分别计数平板上出现的典型和可疑大肠菌群菌落(如菌落直径较典型菌落小)。典型菌落为紫红色，菌落周围有红色的胆盐沉淀环，菌落直径为0.5 mm或更大，最低稀释度平板低于15 CFU的记录具体菌落数。

(4)证实试验。

从VRBA平板上挑取10个不同类型的典型和可疑菌落，少于10个菌落的挑取全部典型和可疑菌落。分别移种于BGLB肉汤管内，(36±1)℃培养24~48 h，观察产气情况。凡BGLB肉汤管产气，即可报告为大肠菌群阳性。

(5)大肠菌群平板计数的报告。

经最后证实为大肠菌群阳性的试管比例乘以7(3)中计数的平板菌落数，再乘以稀释倍数，即为每g(mL)样品中大肠菌群数。例如，10^{-4}样品稀释液1 mL，在VRBA平板上有100个典型和可疑菌落，挑取其中10个接种BGLB肉汤管，证实有6个阳性管，则该样品的大肠菌群数为$100×6/10×10^4$/g(mL) = $6.0×10^5$ CFU/g(mL)。若所有稀释度(包括液体样品原液)平板均无菌落生长，则以小于1乘以最低稀释倍数计算。

十七、沙门氏菌检验

1. 范围

本方法规定了食品中沙门氏菌(*Salmonella*)的检验方法。

本方法适用于食品中沙门氏菌的检验。

2. 设备和材料

微生物实验室常规灭菌及培养设备；冰箱：2~5℃；恒温培养箱：(36±

1)℃,(42±1)℃;均质器;振荡器;电子天平:感量为 0.1 g;无菌锥形瓶:容量 250 mL、500 mL;无菌吸管:1 mL(具 0.01 mL 刻度)、10 mL(具 0.1 mL 刻度)或微量移液器及吸头;无菌培养皿:直径 60 mm,直径 90 mm;无菌试管:3 mm×50 mm、10 mm×75 mm;pH 计或 pH 比色管或精密 pH 试纸;全自动微生物生化鉴定系统;无菌毛细管。

3. 培养基和试剂

(1)缓冲蛋白胨水(BPW)。

①成分。蛋白胨 10.0 g,氯化钠 5.0 g,磷酸氢二钠(含 12 个结晶水)9.0 g,磷酸二氢钾 1.5 g,蒸馏水 1000 mL。

②制法。将各成分加入蒸馏水中,搅混均匀,静置约 10 min,煮沸溶解,调节 pH 至(7.2±0.2),高压灭菌 121℃,15 min。

(2)四硫磺酸钠煌绿(TTB)增菌液。

①基础液。蛋白胨 10.0 g,牛肉膏 5.0 g,氯化钠 3.0 g,碳酸钙 45.0 g,蒸馏水 1000 mL。除碳酸钙外,将各成分加入蒸馏水中,煮沸溶解,再加入碳酸钙,调节 pH 至(7.0±0.2),高压灭菌 121℃,20 min。

②硫代硫酸钠溶液。硫代硫酸钠(含 5 个结晶水)50.0 g,蒸馏水加至 100 mL,高压灭菌 121℃,20 min。

③碘溶液。碘片 20.0 g,碘化钾 25.0 g,蒸馏水加至 100 mL。将碘化钾充分溶解于少量的蒸馏水中,再投入碘片,振摇玻瓶至碘片全部溶解为止,然后加蒸馏水至规定的总量,贮存于棕色瓶内,塞紧瓶盖备用。

④0.5%煌绿水溶液。煌绿 0.5 g,蒸馏水 100 mL。溶解后,存放暗处,不少于 1 天,使其自然灭菌。

⑤牛胆盐溶液。牛胆盐 10.0 g,蒸馏水 100 mL。加热煮沸至完全溶解,高压灭菌 121℃,20 min。

⑥制法。基础液 900 mL,硫代硫酸钠溶液 100 mL,碘溶液 20.0 mL,煌绿水溶液 2.0 mL,牛胆盐溶液 50.0 mL。临用前,按上列顺序,以无菌操作依次加入基础液中,每加入一种成分,均应摇匀后再加入另一种成分。

(3)亚硒酸盐胱氨酸(SC)增菌液。

①成分。蛋白胨 5.0 g,乳糖 4.0 g,磷酸氢二钠 10.0 g,亚硒酸氢钠 4.0 g,L-胱氨酸 0.01 g,蒸馏水 1000 mL。

②制法。除亚硒酸氢钠和 L-胱氨酸外,将各成分加入蒸馏水中,煮沸溶解,冷至 55℃以下,以无菌操作加入亚硒酸氢钠和 1g/L L-胱氨酸溶液 10 mL

(称取 0.1 g L-胱氨酸,加 1 mol/L 氢氧化钠溶液 15 mL,使溶解,再加无菌蒸馏水至 100 mL 即成,如为 DL-胱氨酸,用量应加倍)。摇匀,调节 pH 至 (7.0 ± 0.2)。

(4)亚硫酸铋(BS)琼脂。

①成分。蛋白胨 10.0 g,牛肉膏 5.0 g,葡萄糖 5.0 g,硫酸亚铁 0.3 g,磷酸氢二钠 4.0 g,煌绿 0.025 g 或 5.0 g/L 水溶液 5.0 mL,柠檬酸铋铵 2.0 g,亚硫酸钠 6.0 g,琼脂 18.0~20.0 g,蒸馏水 1000 mL。

②制法。将前三种成分加入 300 mL 蒸馏水(制作基础液),硫酸亚铁和磷酸氢二钠分别加入 20 mL 和 30 mL 蒸馏水中,柠檬酸铋铵和亚硫酸钠分别加入另一 20 mL 和 30 mL 蒸馏水中,琼脂加入 600 mL 蒸馏水中。然后分别搅拌均匀,煮沸溶解。冷至 80℃左右时,先将硫酸亚铁和磷酸氢二钠混匀,倒入基础液中,混匀。将柠檬酸铋铵和亚硫酸钠混匀,倒入基础液中,再混匀。调节 pH 至 (7.5 ± 0.2),随即倾入琼脂液中,混合均匀,冷至 50~55℃。加入煌绿溶液,充分混匀后立即倾注平皿。

注:本培养基不需要高压灭菌,在制备过程中不宜过分加热,避免降低其选择性,贮于室温暗处,超过 48 h 会降低其选择性,本培养基宜于第一天制备,第二天使用。

(5)HE 琼脂。

①成分。蛋白胨 12.0 g,牛肉膏 3.0 g,乳糖 12.0 g,蔗糖 12.0 g,水杨素 2.0 g,胆盐 20.0 g,氯化钠 5.0 g,琼脂 18.0~20.0 g,蒸馏水 1000 mL,0.4%溴麝香草酚蓝溶液 16.0 mL,Andrade 指示剂 20.0 mL,甲液 20.0 mL,乙液 20.0 mL。

②制法。将前面七种成分溶解于 400 mL 蒸馏水内作为基础液;将琼脂加入 600 mL 蒸馏水内。然后分别搅拌均匀,煮沸溶解。加入甲液和乙液于基础液内,调节 pH 至(7.5 ± 0.2)。再加入指示剂,并与琼脂液合并,待冷至 50~55℃倾注平皿。

注:本培养基不需要高压灭菌,在制备过程中不宜过分加热,避免降低其选择性。

甲液的配制:硫代硫酸钠 34.0 g,柠檬酸铁铵 4.0 g,蒸馏水 100 mL。

乙液的配制:去氧胆酸钠 10.0 g,蒸馏水 100 mL。

Andrade 指示剂:酸性复红 0.5 g,1 mol/L 氢氧化钠溶液 16.0 mL,蒸馏水 100 mL。将复红溶解于蒸馏水中,加入氢氧化钠溶液。数小时后如复红褪色不全,再加氢氧化钠溶液 1~2 mL。

(6)木糖赖氨酸脱氧胆盐(XLD)琼脂。

①成分。酵母膏 3.0 g,L-赖氨酸 5.0 g,木糖 3.75 g,乳糖 7.5 g,蔗糖 7.5 g,去氧胆酸钠 2.5 g,柠檬酸铁铵 0.8 g,硫代硫酸钠 6.8 g,氯化钠 5.0 g,琼脂 15.0 g,酚红 0.08 g,蒸馏水 1000 mL。

②制法。除酚红和琼脂外,将其他成分加入 400 mL 蒸馏水中,煮沸溶解,调节 pH 至(7.4 ± 0.2)。另将琼脂加入 600 mL 蒸馏水中,煮沸溶解。

将上述两溶液混合均匀后,再加入指示剂,待冷至 50~55℃ 倾注平皿。

注:本培养基不需要高压灭菌,在制备过程中不宜过分加热,避免降低其选择性,贮于室温暗处。本培养基宜于当天制备,第二天使用。

(7)沙门氏菌属显色培养基。

(8)三糖铁(TSI)琼脂。

①成分。蛋白胨 20.0 g,牛肉膏 5.0 g,乳糖 10.0 g,蔗糖 10.0 g,葡萄糖 1.0 g,硫酸亚铁铵(含 6 个结晶水) 0.2 g,酚红 0.025 g 或 5.0 g/L 溶液 5.0 mL,氯化钠 5.0 g,硫代硫酸钠 0.2 g,琼脂 12.0 g,蒸馏水 1000 mL。

②制法。除酚红和琼脂外,将其他成分加入 400 mL 蒸馏水中,煮沸溶解,调节 pH 至(7.4 ± 0.2)。另将琼脂加入 600 mL 蒸馏水中,煮沸溶解。将上述两溶液混合均匀后,再加入指示剂,混匀,分装试管,每管 2~4 mL,高压灭菌 121℃、10 min 或 115℃、15 min,灭菌后制成高层斜面,呈桔红色。

(9)蛋白胨水、靛基质试剂。

①蛋白胨水。蛋白胨(或胰蛋白胨)20.0 g,氯化钠 5.0 g,蒸馏水 1000 mL。将上述成分加入蒸馏水中,煮沸溶解,调节 pH 至(7.4 ± 0.2),分装小试管,121℃ 高压灭菌 15 min。

②靛基质试剂。柯凡克试剂:将 5 g 对二甲氨基甲醛溶解于 75 mL 戊醇中,然后缓慢加入浓盐酸 25 mL。欧-波试剂:将 1 g 对二甲氨基苯甲醛溶解于 95 mL 95%乙醇内。然后缓慢加入浓盐酸 20 mL。

③试验方法。挑取少量培养物接种,在(36 ± 1)℃ 培养 1~2 天,必要时可培养 4~5 天。加入柯凡克试剂约 0.5 mL,轻摇试管,阳性者于试剂层呈深红色;或加入欧-波试剂约 0.5 mL,沿管壁流下,覆盖于培养液表面,阳性者于液面接触处呈玫瑰红色。

注:蛋白胨中应含有丰富的色氨酸。每批蛋白胨买来后,应先用已知菌种鉴定后方可使用。

(10)尿素琼脂(pH 为 7.2)。

①成分。蛋白胨 1.0 g,氯化钠 5.0 g,葡萄糖 1.0 g,磷酸二氢钾 2.0 g,0.4%酚红 3.0 mL,琼脂 20.0 g,蒸馏水 1000 mL,20%尿素溶液 100 mL。

②制法。除尿素、琼脂和酚红外,将其他成分加入 400 mL 蒸馏水中,煮沸溶解,调节 pH 至(7.2 ± 0.2)。另将琼脂加入 600 mL 蒸馏水中,煮沸溶解。将上述两溶液混合均匀后,再加入指示剂后分装,121℃高压灭菌 15 min。冷却至 50~55℃,加入经除菌过滤的尿素溶液。尿素的最终浓度为 2%。分装于无菌试管内,放成斜面备用。

③试验方法。挑取琼脂培养物接种,在(36 ± 1)℃培养 24 h,观察结果。尿素酶阳性者由于产碱而使培养基变为红色。

(11)氰化钾(KCN)培养基。

①成分。蛋白胨 10.0 g,氯化钠 5.0 g,磷酸二氢钾 0.225 g,磷酸氢二钠 5.64 g,蒸馏水 1000 mL,0.5%氰化钾 20.0 mL。

②制法。将除氰化钾以外的成分加入蒸馏水中,煮沸溶解,分装后 121℃高压灭菌 15 min。放在冰箱内使其充分冷却。每 100 mL 培养基加入 0.5%氰化钾溶液 2.0 mL(最后浓度为 1∶10000),分装于无菌试管内,每管约 4 mL,立刻用无菌橡皮塞塞紧,放在 4℃冰箱内,至少可保存两个月。同时,将不加氰化钾的培养基作为对照培养基,分装试管备用。

③试验方法。将琼脂培养物接种于蛋白胨水内成为稀释菌液,挑取 1 环接种于氰化钾(KCN)培养基。并另挑取 1 环接种于对照培养基。在(36 ± 1)℃培养 1~2 天,观察结果。如有细菌生长即为阳性(不抑制),经 2 天细菌不生长为阴性(抑制)。

注:氰化钾是剧毒药,使用时应小心,切勿沾染,以免中毒。夏天分装培养基应在冰箱内进行。试验失败的主要原因是封口不严,氰化钾逐渐分解,产生氢氰酸气体逸出,以致药物浓度降低,细菌生长,因而造成假阳性反应。试验时对每一环节都要特别注意。

(12)赖氨酸脱羧酶试验培养基。

①成分。蛋白胨 5.0 g,酵母浸膏 3.0 g,葡萄糖 1.0 g,蒸馏水 1000 mL,1.6%溴甲酚紫-乙醇溶液 1.0 mL,L-赖氨酸或 DL-赖氨酸 0.5 g/100 mL 或 1.0 g/100 mL。

②制法。除赖氨酸以外的成分加热溶解后,分装每瓶 100 mL,分别加入赖氨酸。L-赖氨酸按 0.5%加入,DL-赖氨酸按 1%加入。调节 pH 至(6.8 ± 0.2)。

对照培养基不加赖氨酸。分装于无菌的小试管内,每管 0.5 mL,上面滴加一层液体石蜡,115℃高压灭菌 10 min。

③试验方法。从琼脂斜面上挑取培养物接种,于(36±1)℃培养 18~24 h,观察结果。氨基酸脱羧酶阳性者由于产碱,培养基应呈紫色。阴性者无碱性产物,但因葡萄糖产酸而使培养基变为黄色。对照管应为黄色。

(13)糖发酵管。

①成分。牛肉膏 5.0 g,蛋白胨 10.0 g,氯化钠 3.0 g,磷酸氢二钠(含 12 个结晶水)2.0 g,0.2%溴麝香草酚蓝溶液 12.0 mL,蒸馏水 1000 mL。

②制法。葡萄糖发酵管按上述成分配好后,调节 pH 至(7.4±0.2)。按 0.5%加入葡萄糖,分装于有一个倒置小管的小试管内,121℃高压灭菌 15 min。

其他各种糖发酵管可按上述成分配好后,分装每瓶 100 mL,121℃高压灭菌 15 min。另将各种糖类分别配好 10%溶液,同时高压灭菌。将 5 mL 糖溶液加入于 100 mL 培养基内,以无菌操作分装小试管。

注:蔗糖不纯,加热后会自行水解,应采用过滤法除菌。

③试验方法。从琼脂斜面上挑取小量培养物接种,于(36±1)℃培养,一般 2~3 天。迟缓反应需观察 14~30 天。

(14)邻硝基酚 β-D 半乳糖苷(ONPG)培养基。

①成分。邻硝基酚 β-D 半乳糖苷(ONPG)60.0 mg,0.01 mol/L 磷酸钠缓冲液(pH 7.5)10.0 mL,1%蛋白胨水(pH 7.5)30.0 mL。

②制法。将 ONPG 溶于缓冲液内,加入蛋白胨水,以过滤法除菌,分装于无菌的小试管内,每管 0.5 mL,用橡皮塞塞紧。

③试验方法。自琼脂斜面上挑取培养物 1 满环接种于(36±1)℃培养 1~3 h 和 24 h 观察结果。如果 β-半乳糖苷酶产生,则于 1~3 h 变黄色,如无此酶则 24 h 不变色。

(15)半固体琼脂。

①成分。牛肉膏 0.3 g,蛋白胨 1.0 g,氯化钠 0.5 g,琼脂 0.35~0.4 g,蒸馏水 100 mL。

②制法。按以上成分配好,煮沸溶解,调节 pH 至(7.4±0.2)。分装小试管。121℃高压灭菌 15 min。直立凝固备用。

注:供动力观察、菌种保存、H 抗原位相变异试验等用。

(16)丙二酸钠培养基。

①成分。酵母浸膏 1.0 g,硫酸铵 2.0 g,磷酸氢二钾 0.6 g,磷酸二氢钾 0.4 g,氯化钠 2.0 g,丙二酸钠 3.0 g,0.2%溴麝香草酚蓝溶液 12.0 mL,蒸馏水 1000 mL。

②制法。除指示剂以外的成分溶解于水,调节 pH 至(6.8±0.2),再加入指示剂,分装试管,121℃高压灭菌 15 min。

③试验方法。用新鲜的琼脂培养物接种,于(36±1)℃培养 48 h,观察结果。阳性者由绿色变为蓝色。

(17)沙门氏菌 O、H 和 Vi 诊断血清。

(18)生化鉴定试剂盒。

4. 检验程序

沙门氏菌的检验程序见图 5-8。

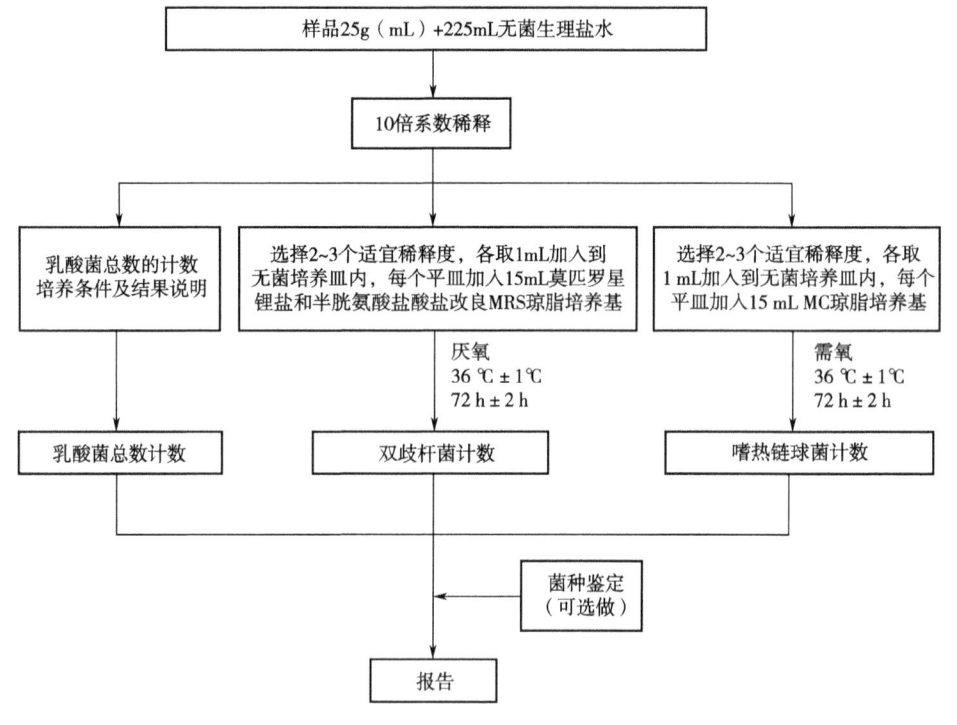

图 5-8 沙门氏菌的检验程序
（注 +:阳性;-:阴性;+/-:阳性或阴性）。

5. 操作步骤

(1)预增菌。

无菌操作称取 25 g(mL)样品,置于盛有 225 mL BPW 的无菌均质杯或合适容器内,以 8000~10000 r/min 均质 1~2 min,或置于盛有 225 mL BPW 的无菌均质袋中,用拍击式均质器拍打 1~2 min。若样品为液态,不需要均质,振荡混匀。如需调整 pH,用 1 mol/L 无菌 NaOH 或 HCl 调 pH 至(6.8 ± 0.2)。无菌操作将样品转至 500 mL 锥形瓶或其他合适容器内(如均质杯本身具有无孔盖,可不转移样品),如使用均质袋,可直接进行培养,于(36 ± 1)℃ 培养 8~18 h。如为冷冻产品,应在 45℃ 以下不超过 15 min 解冻,或 2~5℃ 不超过 18 h 解冻。

(2)增菌。

轻轻摇动培养过的样品混合物,移取 1 mL,转种于 10 mL TTB 内,于(42 ± 1)℃ 培养 18~24 h。同时,另取 1 mL,转种于 10 mL SC 内,于(36 ± 1)℃ 培养 18~24 h。

(3)分离。

分别用直径 3 mm 的接种环取增菌液 1 环,划线接种于一个 BS 琼脂平板和一个 XLD 琼脂平板(或 HE 琼脂平板或沙门氏菌属显色培养基平板),于(36 ± 1)℃ 分别培养 40~48 h(BS 琼脂平板)或 18~24 h(XLD 琼脂平板、HE 琼脂平板、沙门氏菌属显色培养基平板),观察各个平板上生长的菌落,各个平板上的菌落特征见表 5-8。

表 5-8 沙门氏菌属在不同选择性琼脂平板上的菌落特征

选择性琼脂平板	沙门氏菌菌落特征
BS 琼脂	菌落为黑色有金属光泽、棕褐色或灰色,菌落周围培养基可呈黑色或棕色;有些菌株形成灰绿色的菌落,周围培养基不变
HE 琼脂	蓝绿色或蓝色,多数菌落中心黑色或几乎全黑色;有些菌株为黄色,中心黑色或几乎全黑色
XLD 琼脂	菌落呈粉红色,带或不带黑色中心,有些菌株可呈现大的带光泽的黑色中心,或呈现全部黑色的菌落;有些菌株为黄色菌落,带或不带黑色中心
沙门氏菌属显色培养基	按照显色培养基的说明进行判定

(4)生化试验。

自选择性琼脂平板上分别挑取 2 个以上典型或可疑菌落,接种三糖铁琼脂,先在斜面划线,再于底层穿刺;接种针不要灭菌,直接接种赖氨酸脱羧酶试验培养基和营养琼脂平板,于(36 ± 1)℃ 培养 18~24 h,必要时可延长至 48 h。在三糖铁琼脂和赖氨酸脱羧酶试验培养基内,沙门氏菌属的反应结果见表 5-9。

表 5-9 沙门氏菌属在三糖铁琼脂和赖氨酸脱羧酶试验培养基内的反应结果

三糖铁琼脂				赖氨酸脱羧酶试验培养基	初步判断
斜面	底层	产气	硫化氢		
K	A	+(-)	+(-)	+	可疑沙门氏菌属
K	A	+(-)	+(-)	-	可疑沙门氏菌属
A	A	+(-)	+(-)	+	可疑沙门氏菌属
A	A	+/-	+/-	-	非沙门氏菌
K	K	+/-	+/-	+/-	非沙门氏菌

注 K:产碱,A:产酸;+:阳性,-:阴性;+(-)多数阳性,少数阴性;+/-:阳性或阴性。

接种三糖铁琼脂和赖氨酸脱羧酶试验培养基的同时,可直接接种蛋白胨水(供做靛基质试验)、尿素琼脂(pH 7.2)、氰化钾(KCN)培养基,也可在初步判断结果后从营养琼脂平板上挑取可疑菌落接种。于(36±1)℃培养 18~24 h,必要时可延长至 48 h,按表 5-10 判定结果。将已挑菌落的平板储存于 2~5℃ 或室温至少保留 24 h,以备必要时复查。

表 5-10 沙门氏菌属生化反应初步鉴别表

反应序号	硫化氢（H_2S）	靛基质	pH7.2 尿素	氰化钾（KCN）	赖氨酸脱羧酶
A1	+	-	-	-	+
A2	+	+	-	-	+
A3	-	-	-	-	+/-

注 +:阳性;-:阴性;+/-:阳性或阴性。

反应序号 A1:典型反应判定为沙门氏菌属。如尿素、KCN 和赖氨酸脱羧酶 3 项中有 1 项异常,按表 5-11 可判定为沙门氏菌。如有 2 项异常为非沙门氏菌。

表 5-11 沙门氏菌属生化反应初步鉴别表

pH 7.2 尿素	氰化钾（KCN）	赖氨酸脱羧酶	判定结果
-	-	-	甲型副伤寒沙门氏菌(要求血清学鉴定结果)
-	+	+	沙门氏菌Ⅳ或Ⅴ(要求符合本群生化特性)
+	-	+	沙门氏菌个别变体(要求血清学鉴定结果)

注 +:阳性;-:阴性。

反应序号 A2：补做甘露醇和山梨醇试验，沙门氏菌靛基质阳性变体两项试验结果均为阳性，但需要结合血清学鉴定结果进行判定。

反应序号 A3：补做 ONPG。ONPG 阴性为沙门氏菌，同时赖氨酸脱羧酶阳性，甲型副伤寒沙门氏菌为赖氨酸脱羧酶阴性。

必要时按表 5-12 进行沙门氏菌生化群的鉴别。

表 5-12 沙门氏菌属各生化群的鉴别

项目	I	II	III	IV	V	VI
卫矛醇	+	+	-	-	+	-
山梨醇	+	+	+	+	+	-
水杨苷	-	-	-	+	-	-
ONPG	-	-	+	-	+	-
丙二酸盐	-	+	+	-	-	-
KCN	-	-	-	+	+	-

注　+：阳性；-：阴性。

如选择生化鉴定试剂盒或全自动微生物生化鉴定系统，可根据生化试验的初步判断结果，从营养琼脂平板上挑取可疑菌落，用生理盐水制备成浊度适当的菌悬液，使用生化鉴定试剂盒或全自动微生物生化鉴定系统进行鉴定。

(5)血清学鉴定。

①检查培养物有无自凝性。一般采用 1.2%～1.5% 琼脂培养物作为玻片凝集试验用的抗原。首先排除自凝集反应，在洁净的玻片上滴加一滴生理盐水，将待试培养物混合于生理盐水滴内，使成为均一性的混浊悬液，将玻片轻轻摇动 30～60 s，在黑色背景下观察反应（必要时用放大镜观察），若出现可见的菌体凝集，即认为有自凝性，反之无自凝性。对无自凝的培养物参照下面方法进行血清学鉴定。

②多价菌体抗原(O)鉴定。在玻片上划出 2 个约 1 cm×2 cm 的区域，挑取 1 环待测菌，各放 1/2 环于玻片上的每一区域上部，在其中一个区域下部加 1 滴多价菌体(O)抗血清，在另一区域下部加入 1 滴生理盐水，作为对照。再用无菌的接种环或针分别将两个区域内的菌苔研成乳状液。将玻片倾斜摇动混合 1 min，并对着黑暗背景进行观察，任何程度的凝集现象皆为阳性反应。O 血清不凝集时，将菌株接种在琼脂量较高的培养基（如 2%～3%）上再检查；如果是由于 Vi 抗原的存在而阻止了 O 凝集反应时，可挑取菌苔于 1 mL 生理盐水中做

成浓菌液,于酒精灯火焰上煮沸后再检查。

③多价鞭毛抗原(H)鉴定。操作同多价菌体抗原(O)鉴定。H 抗原发育不良时,将菌株接种在 0.55%~65% 半固体琼脂平板的中央,待菌落蔓延生长时,在其边缘部分取菌检查;或将菌株通过接种装有 0.3%~0.4% 半固体琼脂的小玻管 1~2 次,自远端取菌培养后再检查。

6. 结果与报告

综合以上生化试验和血清学鉴定的结果,报告 25 g(mL)样品中检出或未检出沙门氏菌。

十八、金黄色葡萄球菌的检验

1. 范围

本方法规定了食品中金黄色葡萄球菌(*Staphylococcus aureus*)的检验方法。

第一法适用于食品中金黄色葡萄球菌的定性检验;第二法适用于金黄色葡萄球菌含量较高的食品中金黄色葡萄球菌的计数。

2. 设备和材料

恒温培养箱:(36±1)℃;冰箱:2~5℃;恒温水浴箱:36~56℃;天平:感量为 0.1 g;均质器;振荡器;无菌吸管:1 mL(具 0.01 mL 刻度)、10 mL(具 0.1 mL 刻度)或微量移液器及吸头;无菌锥形瓶:容量 250 mL、500 mL;无菌培养皿:直径 90 mm;涂布棒;pH 计或 pH 比色管或精密 pH 试纸。

3. 培养基和试剂

(1)7.5% 氯化钠肉汤。

①成分。蛋白胨 10.0 g,牛肉膏 5.0 g,氯化钠 75 g,蒸馏水 1000 mL。

②制法。将上述成分加热溶解,调节 pH 至(7.4±0.2),分装,每瓶 225 mL,121℃ 高压灭菌 15 min。

(2)血琼脂平板。

①成分。豆粉琼脂[pH(7.5±0.2)]100 mL,脱纤维羊血(或兔血)5~10 mL。

②制法。加热熔化琼脂,冷却至 50℃,以无菌操作加入脱纤维羊血,摇匀,倾注平板。

(3)Baird-Parker 琼脂平板。

①成分。胰蛋白胨 10.0 g,牛肉膏 5.0 g,酵母膏 1.0 g,丙酮酸钠 10.0 g,甘氨酸 12.0 g,氯化锂(LiCl·6H_2O)5.0 g,琼脂 20.0 g,蒸馏水 950 mL。

②增菌剂的配法。30%卵黄盐水 50 mL 与通过 0.22 μm 孔径滤膜进行过滤除菌的 1%亚碲酸钾溶液 10 mL 混合,保存于冰箱内。

③制法。将各成分加到蒸馏水中,加热煮沸至完全溶解,调节 pH 至 (7.0 ± 0.2)。分装每瓶 95 mL,121℃高压灭菌 15 min。临用时加热融化琼脂,冷至 50℃,每 95 mL 加入预热至 50℃的卵黄亚碲酸钾增菌剂 5 mL 摇匀后倾注平板。培养基应是致密不透明的。使用前在冰箱储存不得超过 48 h。

(4)脑心浸出液肉汤(BHI)。

①成分。胰蛋白质胨 10.0 g,氯化钠 5.0 g,磷酸氢二钠(12H$_2$O)2.5 g,葡萄糖 2.0 g,牛心浸出液 500 mL。

②制法。加热溶解,调节 pH 至(7.4 ± 0.2),分装 16 mm×160 mm 试管,每管 5 mL 置 121℃,灭菌 15 min。

(5)兔血浆。

取柠檬酸钠 3.8 g,加蒸馏水 100 mL,溶解后过滤,装瓶,121℃高压灭菌 15 min。兔血浆制备:取 3.8%柠檬酸钠溶液一份,加兔全血 4 份,混好静置(或以 3000 r/min 离心 30 min),使血液细胞下降,即可得血浆。

(6)磷酸盐缓冲液。

①成分。磷酸二氢钾(KH$_2$PO$_4$)34.0 g,蒸馏水 500 mL。

②制法。贮存液:称取 34.0 g 的磷酸二氢钾溶于 500 mL 蒸馏水中,用大约 175 mL 的 1 mol/L 氢氧化钠溶液调节 pH 至 7.2,用蒸馏水稀释至 1000 mL 后贮存于冰箱。稀释液:取贮存液 1.25 mL,用蒸馏水稀释至 1000 mL,分装于适宜容器中,121℃高压灭菌 15 min。

(7)营养琼脂小斜面。

①成分。蛋白胨 10.0 g,牛肉膏 3.0 g,氯化钠 5.0 g,琼脂 15.0~20.0 g,蒸馏水 1000 mL。

②制法。将除琼脂以外的各成分溶解于蒸馏水内,加入 15%氢氧化钠溶液约 2 mL 调节 pH 至(7.3 ± 0.2)。加入琼脂,加热煮沸,使琼脂融化,分装 13 mm×130 mm 试管,121℃高压灭菌 15 min。

(8)革兰氏染色液。

①结晶紫染色液。成分:结晶紫 1.0 g,95%乙醇 20.0 mL,1%草酸铵水溶液 80.0 mL。制法:将结晶紫完全溶解于乙醇中,然后与草酸铵溶液混合。

②革兰氏碘液。成分:碘 1.0 g,碘化钾 2.0 g,蒸馏水 300 mL。制法:将碘与碘化钾先行混合,加入蒸馏水少许充分振摇,待完全溶解后,再加蒸馏水

至 300 mL。

③沙黄复染液。成分:沙黄 0.25 g,95%乙醇 10.0 mL,蒸馏水 90.0 mL。制法:将沙黄溶解于乙醇中,然后用蒸馏水稀释。

④染色法。涂片在火焰上固定,滴加结晶紫染液,染 1 min,水洗。滴加革兰氏碘液,作用 1 min,水洗。滴加 95%乙醇脱色 15~30 s,直至染色液被洗掉,不要过分脱色,水洗。滴加复染液,复染 1 min,水洗、待干、镜检。

(9)无菌生理盐水。

①成分。氯化钠 8.5 g,蒸馏水 1000 mL。

②制法。称取 8.5 g 氯化钠溶于 1000 mL 蒸馏水中,121℃高压灭菌 15 min。

(一)金黄色葡萄球菌定性检验

1. 检验程序

金黄色葡萄球菌的定性检验程序见图 5-9。

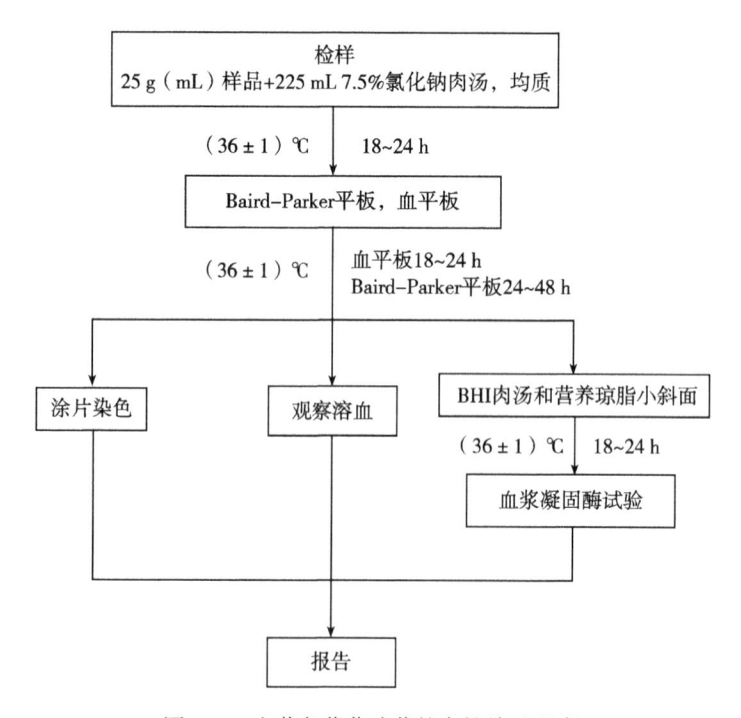

图 5-9 金黄色葡萄球菌的定性检验程序

2. 操作步骤

(1)样品的处理。

称取 25 g 样品至盛有 225 mL 7.5% 氯化钠肉汤的无菌均质杯内，8000~10000 r/min 均质 1~2 min，或放入盛有 225 mL 7.5% 氯化钠肉汤无菌均质袋中，用拍击式均质器拍打 1~2 min。若样品为液态，吸取 25 mL 样品至盛有 225 mL 7.5% 氯化钠肉汤的无菌锥形瓶(瓶内可预置适当数量的无菌玻璃珠)中，振荡混匀。

(2)增菌。

将上述样品匀液于(36±1)℃培养 18~24 h。金黄色葡萄球菌在 7.5% 氯化钠肉汤中呈混浊生长。

(3)分离。

将增菌后的培养物，分别划线接种到 Baird-Parker 平板和血平板，血平板(36±1)℃培养 18~24 h。Baird-Parker 平板(36±1)℃培养 24~48 h。

(4)初步鉴定。

金黄色葡萄球菌在 Baird-Parker 平板上呈圆形，表面光滑、凸起、湿润、菌落直径为 2~3 mm，颜色呈灰黑色至黑色，有光泽，常有浅色(非白色)的边缘，周围绕以不透明圈(沉淀)，其外常有一清晰带。当用接种针触及菌落时具有黄油样黏稠感。有时可见到不分解脂肪的菌株，除没有不透明圈和清晰带外，其他外观基本相同。从长期贮存的冷冻或脱水食品中分离的菌落，其黑色常较典型菌落浅些，且外观可能较粗糙，质地较干燥。在血平板上，形成菌落较大，圆形、光滑凸起、湿润、金黄色(有时为白色)，菌落周围可见完全透明溶血圈。挑取上述可疑菌落进行革兰氏染色镜检及血浆凝固酶试验。

(5)确证鉴定。

①染色镜检：金黄色葡萄球菌为革兰氏阳性球菌，排列呈葡萄球状，无芽孢，无荚膜，直径为 0.5~1 μm。

②血浆凝固酶试验：挑取 Baird-Parker 平板或血平板上至少 5 个可疑菌落(小于 5 个全选)，分别接种到 5 mL BHI 和营养琼脂小斜面，(36±1)℃培养 18~24 h。

取新鲜配制兔血浆 0.5 mL，放入小试管中，再加入 BHI 培养物 0.2~0.3 mL，振荡摇匀，置(36±1)℃温箱或水浴箱内，每半小时观察一次，观察 6 h，如呈现凝固(即将试管倾斜或倒置时，呈现凝块)或凝固体积大于原体积的一半，被判定为阳性结果。同时以血浆凝固酶试验阳性和阴性葡萄球菌菌株的肉汤培养物作为对照。也可用商品化的试剂，按说明书操作，进行血浆凝固酶试验。

结果如可疑,挑取营养琼脂小斜面的菌落到 5 mL BHI,(36 ± 1)℃ 培养 18~48 h,重复试验。

3. 结果与报告

结果判定:符合 5(4)、5(5),可判定为金黄色葡萄球菌。

结果报告:在 25 g(mL)样品中检出或未检出金黄色葡萄球菌。

(二)金黄色葡萄球菌平板计数法

1. 检验程序

金黄色葡萄球菌平板计数法的检验程序见图 5-10。

```
┌─────────────────────────────────┐
│          检样                   │
│ 25 g(mL)样品+225 mL稀释液,均质  │
└─────────────────────────────────┘
              ↓
┌─────────────────────────────────┐
│         10倍系列稀释             │
└─────────────────────────────────┘
              ↓
┌─────────────────────────────────────────┐
│ 选择2~3个连续的适宜稀释度的样品匀液,     │
│ 接种Baird-Parker平板                     │
└─────────────────────────────────────────┘
         (36±1)℃  ↓  18~24 h
┌─────────────────────────────────┐
│         计数及鉴定试验           │
└─────────────────────────────────┘
              ↓
┌─────────────────────────────────┐
│             报告                │
└─────────────────────────────────┘
```

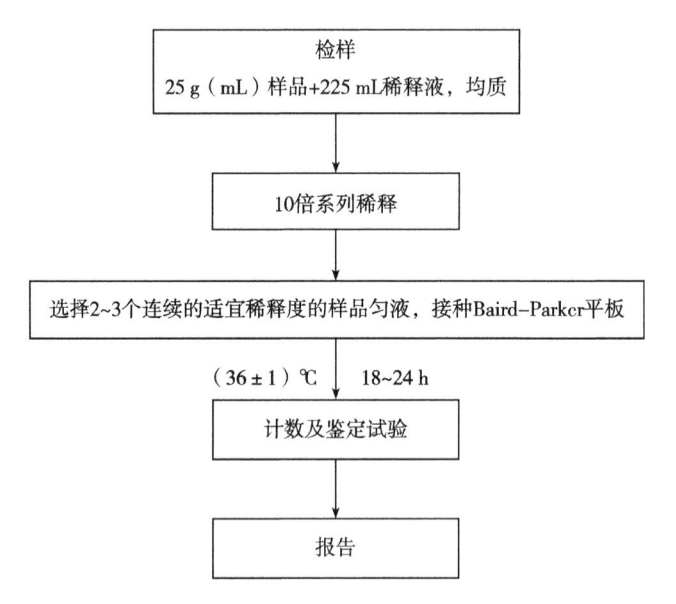

图 5-10 金黄色葡萄球菌平板计数法的检验程序

2. 操作步骤

(1)样品的稀释。

固体和半固体样品:称取 25 g 样品置于盛有 225 mL 磷酸盐缓冲液或生理盐水的无菌均质杯内,8000~10000 r/min 均质 1~2 min,或置于盛有 225 mL 稀释液的无菌均质袋中,用拍击式均质器拍打 1~2 min,制成 1∶10 的样品匀液。

液体样品:以无菌吸管吸取 25 mL 样品置于盛有 225 mL 磷酸盐缓冲液或生理盐水的无菌锥形瓶(瓶内预置适当数量的无菌玻璃珠)中,充分混匀,制成 1∶10的样品匀液。

用 1 mL 无菌吸管或微量移液器吸取 1∶10 样品匀液 1 mL,沿管壁缓慢注于盛有 9 mL 磷酸盐缓冲液或生理盐水的无菌试管中(注意吸管或吸头尖端不要触及稀释液面),振摇试管或换用 1 支 1 mL 无菌吸管反复吹打使其混合均匀,制成 1∶100 的样品匀液。

按照上述操作,制备 10 倍系列稀释样品匀液。每递增稀释一次,换用 1 次 1 mL 无菌吸管或吸头。

(2)样品的接种。

根据对样品污染状况的估计,选择 2~3 个适宜稀释度的样品匀液(液体样品可包括原液),在进行 10 倍递增稀释的同时,每个稀释度分别吸取 1 mL 样品匀液以 0.3 mL、0.3 mL、0.4 mL 接种量分别加入三块 Baird-Parker 平板,然后用无菌涂布棒涂布整个平板,注意不要触及平板边缘。使用前,如 Baird-Parker 平板表面有水珠,可放在 25~50℃的培养箱里干燥,直到平板表面的水珠消失。

(3)培养。

在通常情况下,涂布后,将平板静置 10 min,如样液不易吸收,可将平板放在培养箱(36 ± 1)℃ 培养 1 h;等样品匀液吸收后翻转平板,倒置后于(36 ± 1)℃ 培养 24~48 h。

(4)典型菌落计数和确认。

金黄色葡萄球菌在 Baird-Parker 平板上呈圆形,表面光滑、凸起、湿润、菌落直径为 2~3 mm,颜色呈灰黑色至黑色,有光泽,常有浅色(非白色)的边缘,周围绕以不透明圈(沉淀),其外常有一清晰带。当用接种针触及菌落时具有黄油样黏稠感。有时可见到不分解脂肪的菌株,除没有不透明圈和清晰带外,其他外观基本相同。从长期贮存的冷冻或脱水食品中分离的菌落,其黑色常较典型菌落浅些,且外观可能较粗糙,质地较干燥。

选择有典型金黄色葡萄球菌菌落的平板,且同一稀释度 3 个平板所有菌落数合计在 20~200 CFU 的平板,计数典型菌落数。

从典型菌落中至少选 5 个可疑菌落(小于 5 个全选)进行鉴定试验。分别做染色镜检,血浆凝固酶试验;同时划线接种到血平板(36 ± 1)℃ 培养 18~24 h 后观察菌落形态,金黄色葡萄球菌菌落较大,圆形、光滑凸起、湿润、金黄色(有时为白色),菌落周围可见完全透明溶血圈。

3. 结果计算

(1)若只有一个稀释度平板的典型菌落数在 20~200 CFU,计数该稀释度平板上的典型菌落,按式(5-10)计算。

(2)若最低稀释度平板的典型菌落数小于20 CFU,计数该稀释度平板上的典型菌落,按式(5-10)计算。

(3)若某一稀释度平板的典型菌落数大于200 CFU,但下一稀释度平板上没有典型菌落,计数该稀释度平板上的典型菌落,按式(5-10)计算。

(4)若某一稀释度平板的典型菌落数大于200 CFU,而下一稀释度平板上虽有典型菌但不在20~200 CFU范围内,应计数该稀释度平板上的典型菌落,按式(5-10)计算。

(5)若2个连续稀释度的平板典型菌落数均在20~200CFU,按式(5-11)计算。

(6)计算公式。

$$T = \frac{AB}{Cd} \quad (5\text{-}10)$$

式中:T——样品中金黄色葡萄球菌菌落数;

A——某一稀释度典型菌落的总数;

B——某一稀释度鉴定为阳性的菌落数;

C——某一稀释度用于鉴定试验的菌落数;

d——稀释因子。

$$T = \frac{A_1B_1/C_1 + A_2B_2/C_2}{1.1d} \quad (5\text{-}11)$$

式中:T——样品中金黄色葡萄球菌菌落数;

A_1——第一稀释度(低稀释倍数)典型菌落的总数;

B_1——第一稀释度(低稀释倍数)鉴定为阳性的菌落数;

C_1——第一稀释度(低稀释倍数)用于鉴定试验的菌落;

A_2——第二稀释度(高稀释倍数)典型菌落的总数;

B_2——第二稀释度(高稀释倍数)鉴定为阳性的菌落数;

C_2——第二稀释度(高稀释倍数)用于鉴定试验的菌落数;

1.1——计算系数;

d——稀释因子(第一稀释度)。

4. 报告

根据式(5-11)计算结果,报告每g(mL)样品中金黄色葡萄球菌数,以CFU/g(mL)表示;如T值0,则以小于1乘以最低稀释倍数报告。

十九、霉菌和酵母菌计数

1. 范围
本方法规定了食品中霉菌和酵母菌(moulds and yeasts)的计数方法。

2. 设备和材料
微生物实验室常规灭菌及培养;培养箱:(28±1)℃;拍击式均质器及均质袋;电子天平:感量 0.1 g;无菌锥形瓶:容量 500 mL;无菌吸管:1 mL(具 0.01 mL 刻度)、10 mL(具 0.1 mL 刻度);无菌试管:18 mm×180 mm;旋涡混合器;无菌平皿:直径 90 mm;恒温水浴箱:(46±1)℃;微量移液器及枪头:1.0 mL。

3. 培养基和试剂
(1)生理盐水。

①成分。氯化钠 8.5 g,蒸馏水 1000 mL。

②制法。氯化钠加入 1000 mL 蒸馏水中,搅拌至完全溶解,分装后,121℃高压灭菌 15 min,备用。

(2)马铃薯葡萄糖琼脂。

①成分。马铃薯(去皮切块)300 g,葡萄糖 20.0 g,琼脂 20.0 g,氯霉素 0.1 g,蒸馏水 1000 mL。

②制法。将马铃薯去皮切块,加 1000 mL 蒸馏水,煮沸 10~20 min。用纱布过滤,补加蒸馏水至 1000 mL。加入葡萄糖和琼脂,加热溶解,分装后,121℃灭菌 15 min,备用。

(3)孟加拉红琼脂。

①成分。蛋白胨 5.0 g,葡萄糖 10.0 g,磷酸二氢钾 1.0 g,硫酸镁(无水)0.5 g,琼脂 20.0 g,孟加拉红 0.033 g,氯霉素 0.1 g,蒸馏水 1000 mL。

②制法。上述各成分加入蒸馏水中,加热溶解,补足蒸馏水至 1000 mL,分装后,121℃灭菌 15 min,避光保存备用。

(4)磷酸盐缓冲液。

①成分。磷酸二氢钾(KH_2PO_4)34.0 g,蒸馏水 500 mL。

②制法。贮存液:称取 34.0 g 的磷酸二氢钾溶于 500 mL 蒸馏水中,用大约 175 mL 的 1 mol/L 氢氧化钠溶液调节 pH 至(7.2±0.1),用蒸馏水稀释至 1000 mL 后贮存于冰箱。稀释液:取贮存液 1.25 mL,用蒸馏水稀释至 1000 mL,分装于适宜容器中,121℃高压灭菌 15 min。

4. 检验程序

霉菌和酵母菌平板计数法的检验程序见图 5-11。

```
检样
  ↓
25 g（mL）样品+225 mL 无菌稀释液，均质
  ↓
10 倍系列稀释
  ↓
选择2~3个适宜稀释度的样品匀液，每个平皿加入1 mL，
每个稀释度做两个平行
  ↓
每皿中加入20~25 mL马铃薯葡萄糖琼脂或孟加拉红琼脂
  ↓ (28±1)℃   5天
菌落计数
  ↓
报告
```

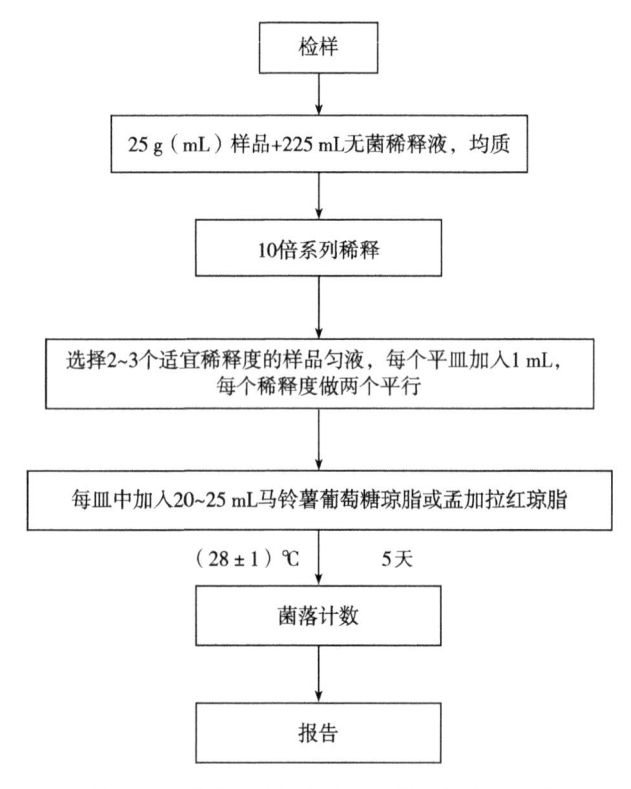

图 5-11 霉菌和酵母菌平板计数法的检验程序

5. 操作步骤

(1) 样品的稀释。

固体和半固体样品：称取 25 g 样品，加入 225 mL 无菌稀释液（蒸馏水或生理盐水或磷酸盐缓冲液），充分振摇，或用拍击式均质器拍打 1~2 min，制成 1∶10 的样品匀液。

液体样品：以无菌吸管吸取 25 mL 样品至盛有 225 mL 无菌稀释液（蒸馏水或生理盐水或磷酸盐缓冲液）的适量容器内（可在瓶内预置适当数量的无菌玻璃珠）或无菌均质袋中，充分振摇或用拍击式均质器拍打 1~2 min，制成 1∶10 的样品匀液。取 1 mL 1∶10 样品匀液注入含有 9 mL 无菌稀释液的试管中，另换一支 1 mL 无菌吸管反复吹吸，或在旋涡混合器上混匀，此液为 1∶100 的样品匀液。

按上述操作,制备 10 倍递增系列稀释样品匀液。每递增稀释一次,换用 1 支 1 mL 无菌吸管。

根据对样品污染状况的估计,选择 2~3 个适宜稀释度的样品匀液(液体样品可包括原液),在进行 10 倍递增稀释的同时,每个稀释度分别吸取 1 mL 样品匀液于 2 个无菌平皿内。同时分别取 1 mL 无菌稀释液加入 2 个无菌平皿作空白对照。

及时将 20~25 mL 冷却至 46℃的马铃薯葡萄糖琼脂或孟加拉红琼脂[可放置于(46±1)℃ 恒温水浴箱中保温]倾注平皿,并转动平皿使其混合均匀。置水平台面待培养基完全凝固。

(2)培养。

琼脂凝固后,正置平板,置(28±1)℃ 培养箱中培养,观察并记录培养至第 5 天的结果。

(3)菌落计数。

用肉眼观察,必要时可用放大镜或低倍镜,记录稀释倍数和相应的霉菌和酵母菌菌落数。以菌落形成单位(CFU)表示。

选取菌落数在 10~150 CFU 的平板,根据菌落形态分别计数霉菌和酵母菌。霉菌蔓延生长覆盖整个平板的可记录为菌落蔓延。

6. 结果与报告

(1)结果。

①计算同一稀释度的两个平板菌落数的平均值,再将平均值乘以相应稀释倍数。

②若有两个稀释度平板上的菌落数均在 10~150 CFU,则按照菌落总数测定的相应规定进行计算。

③若所有平板上菌落数均大于 150 CFU,则对稀释度最高的平板进行计数,其他平板可记录为多不可计,结果按平均菌落数乘以最高稀释倍数计算。

④若所有平板上菌落数均小于 10 CFU,则应按稀释度最低的平均菌落数乘以稀释倍数计算。

⑤若所有稀释度平板(包括液体样品原液)均无菌落生长,则以小于 1 乘以最低稀释倍数计算。

⑥若所有稀释度的平板菌落数均不在 10~150 CFU,其中一部分小于 10 CFU 或大于 150 CFU 时,则以最接近 10 CFU 或 150 CFU 的平均菌落数乘以稀释倍数计算。

(2)报告。

①菌落数按"四舍五入"原则修约。菌落数在 10 以内时,采用一位有效数字报告;菌落数在 10~100 时,采用两位有效数字报告。

②菌落数大于或等于 100 时,第 3 位数字采用"四舍五入"原则修约后,取前 2 位数字,后面用 0 代替位数来表示结果;也可用 10 的指数形式来表示,此时也按"四舍五入"原则修约,采用两位有效数字。

③若空白对照平板上有菌落出现,则此次检测结果无效。

④称重取样以 CFU/g 为单位报告,体积取样以 CFU/mL 为单位报告,报告或分别报告霉菌和/或酵母菌数。

二十、乳酸菌的检验

1. 范围

本方法规定了含乳酸菌食品中乳酸菌的检验方法。

本方法适用于含活性乳酸菌的食品中乳酸菌的检验。

2. 术语和定义

乳酸菌:一类可发酵糖主要产生大量乳酸的细菌的通称。本标准中乳酸菌主要为乳杆菌属(*Lactobacillus*)、双歧杆菌属(*Bifidobacterium*)和嗜热链球菌属(*Streptococcus*)。

3. 设备和材料

微生物实验室常规灭菌及培养设备;恒温培养箱:(36 ± 1)℃;冰箱:2~5℃;均质器及无菌均质袋、均质杯或灭菌乳钵;天平:感量 0.01 g;无菌试管:18 mm×180 mm、15 mm×100 mm;无菌吸管:1 mL(具 0.01 mL 刻度)、10 mL(具 0.1 mL 刻度)或微量移液器及吸头;无菌锥形瓶:容量 250 mL、500 mL。

4. 培养基和试剂

(1)生理盐水。

①成分。氯化钠 8.5 g,蒸馏水 1000 mL。

②制法。称取 8.5 g 氯化钠溶于 1000 mL 蒸馏水中,121℃高压灭菌 15 min。

(2)MRS 培养基。

①成分。蛋白胨 10.0 g,牛肉粉 5.0 g,酵母粉 4.0 g,葡萄糖 20.0 g,吐温 80 1.0 mL,$K_2HPO_4 \cdot 7H_2O$ 2.0 g,醋酸钠 $3H_2O$ 5.0 g,柠檬酸三铵 2.0 g,$MgSO_4 \cdot 7H_2O$ 0.2 g,$MnSO_4 \cdot 4H_2O$ 0.05 g,琼脂粉 15.0 g。

②制法。将上述成分加入 1000 mL 蒸馏水中,加热溶解,调节 pH 至

(6.2±0.2),分装后121℃高压灭菌15~20 min。

(3)莫匹罗星锂盐和半胱氨酸盐酸盐改良MRS培养基。

①莫匹罗星锂盐储备液制备:称取50 mg莫匹罗星锂盐加入50 mL蒸馏水中,用0.22 μm微孔滤膜过滤除菌。

②半胱氨酸盐酸盐储备液制备:称取250 mg半胱氨酸盐酸盐加入50 mL蒸馏水中,用0.22 μm微孔滤膜过滤除菌。

③制法。将4(2)①MRS培养基成分加入950 mL蒸馏水中,加热溶解,调节pH,分装后121℃高压灭菌15~20 min。临用时加热熔化琼脂,在水浴中冷至48℃,用带有0.22 μm微孔滤膜的注射器将莫匹罗星锂盐储备液及半胱氨酸盐酸盐储备液制备加入熔化琼脂中,使培养基中莫匹罗星锂盐的浓度为50 μg/mL,半胱氨酸盐酸盐的浓度为500 μg/mL。

(4)MC培养基。

①成分。大豆蛋白胨5.0 g,牛肉粉3.0 g,酵母粉3.0 g,葡萄糖20.0 g,乳糖20.0 g,碳酸钙10.0 g,琼脂15.0 g,蒸馏水1000 mL,1%中性红溶液5.0 mL。

②制法。将前面7种成分加入蒸馏水中,加热溶解,调节pH至(6.0±0.2),加入中性红溶液。分装后121℃压灭菌15~20 min。

(5)乳酸杆菌糖发酵管。

①基础成分。牛肉膏5.0 g,蛋白胨5.0 g,酵母浸膏5.0 g,吐温80 0.5 mL,琼脂1.5 g,1.6%溴甲酚紫酒精溶液1.4 mL,蒸馏水1000 mL。

②制法。按0.5%加入所需糖类,并分装小试管,121℃高压灭菌15~20 min。

(6)革兰氏染色液。

(7)莫匹罗星锂盐:化学纯。

(8)半胱氨酸盐酸盐:纯度>99%。

(9)七叶苷培养基。

①成分。蛋白胨5.0 g,磷酸氢二钾1.0 g,七叶苷3.0 g,枸橼酸铁0.5 g,1.6%溴甲酚紫酒精溶液1.4 mL,蒸馏水100 mL。

②制法。将上述成分加入蒸馏水中,加热溶解,121℃高压灭菌15~20 min。

5. 检验程序

乳酸菌的检验程序见图5-12。

6. 操作步骤

(1)样品制备。

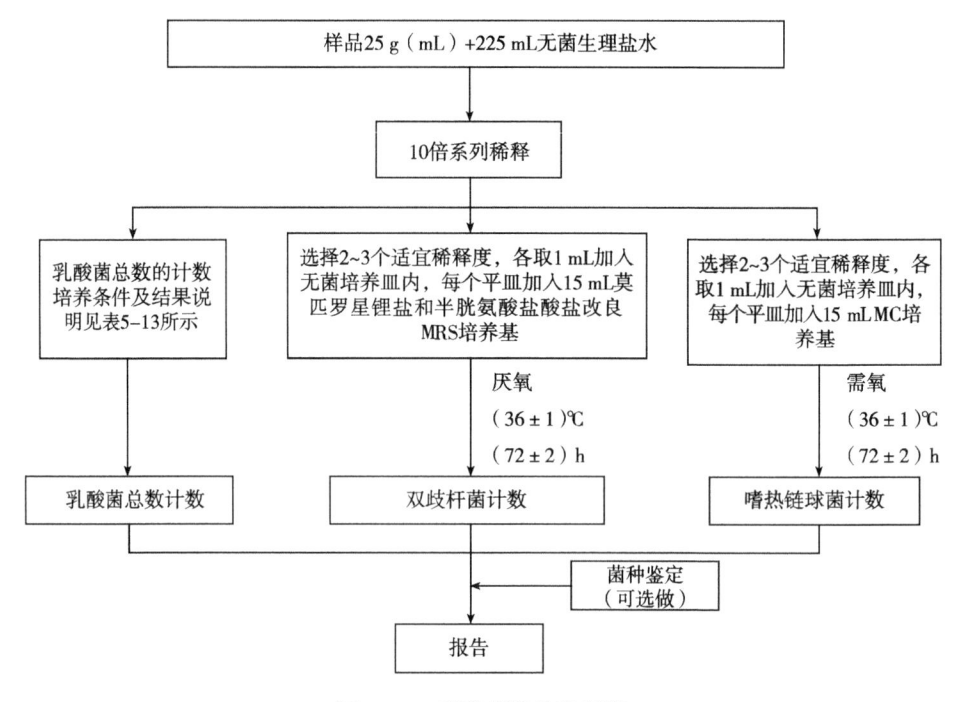

```
                样品 25 g（mL）+225 mL 无菌生理盐水
                              │
                         10 倍系列稀释
          ┌───────────────────┼───────────────────┐
   乳酸菌总数的计数      选择 2~3 个适宜稀释度，各取 1 mL 加入    选择 2~3 个适宜稀释度，各取
   培养条件及结果说      无菌培养皿内，每个平皿加入 15 mL 莫     1 mL 加入无菌培养皿内，
   明见表 5-13 所示      匹罗星锂盐和半胱氨酸盐酸盐改良          每个平皿加入 15 mL MC 培
                         MRS 培养基                              养基
          │                   厌氧                             需氧
          │                (36±1)℃                          (36±1)℃
          │                (72±2) h                          (72±2) h
          │                    │                                │
    乳酸菌总数计数          双歧杆菌计数                      嗜热链球菌计数
                              │
                         菌种鉴定
                        （可选做）
                              │
                            报告
```

图 5-12　乳酸菌的检验程序

样品的全部制备过程均应遵循无菌操作程序。

冷冻样品可先使其在 2~5℃ 条件下解冻，时间不超过 18 h，也可在温度不超过 45℃ 的条件解冻，时间不超过 15 min。

固体和半固体食品：以无菌操作称取 25 g 样品，置于装有 225 mL 生理盐水的无菌均质杯内，于 8000~10000 r/min 均质 1~2 min，制成 1∶10 样品匀液；或置于 225 mL 生理盐水的无菌均质袋中，用拍击式均质器拍打 1~2 min 制成 1∶10 的样品匀液。

液体样品：液体样品应先将其充分摇匀后以无菌吸管吸取样品 25 mL 放入装有 225 mL 生理盐水的无菌锥形瓶（瓶内预置适当数量的无菌玻璃珠）中，充分振摇，制成 1∶10 的样品匀液。

（2）步骤。

用 1 mL 无菌吸管或微量移液器吸取 1∶10 样品匀液 1 mL，沿管壁缓慢注于装有 9 mL 生理盐水的无菌试管中（注意吸管尖端不要触及稀释液），振摇试管或换用 1 支无菌吸管反复吹打使其混合均匀，制成 1∶100 的样品匀液。

另取 1 mL 无菌吸管或微量移液器吸头，按上述操作顺序，做 10 倍递增样品匀液,每递增稀释1次,换用1次1 mL灭菌吸管或吸头。

①乳酸菌总数。乳酸菌总数计数培养条件的选择及结果说明见表5-13。

②双歧杆菌计数。根据待检样品双歧杆菌含量的估计,选择2~3个连续的适宜稀释度,每个稀释度吸取1 mL样品匀液于灭菌平皿内,每个稀释度做两个平皿。稀释液移入平皿后,将冷却至48℃的莫匹罗星锂盐和半胱氨酸盐酸盐改良的MRS培养基倾注入平皿约15 mL,转动平皿使混合均匀。(36±1)℃厌氧培养(72±2) h,培养后计数平板上的所有菌落数。从样品稀释到平板倾注要求在15 min内完成。

③嗜热链球菌计数。根据待检样品嗜热链球菌活菌数的估计,选择2~3个连续的适宜稀释度,每个稀释度吸取1 mL样品匀液于灭菌平皿内,每个稀释度做两个平皿。稀释液移入平皿后,将冷却至48℃的MC培养基倾注入平皿约15 mL,转动平皿使混合均匀。(36±1)℃需氧培养(72±2) h,培养后计数。嗜热链球菌在MC琼脂平板上的菌落特征为:菌落中等偏小,边缘整齐光滑的红色菌落,直径(2±1) mm,菌落背面为粉红色。从样品稀释到平板倾注要求在15 min内完成。

④乳杆菌计数。根据待检样品活菌总数的估计,选择2~3个连续的适宜稀释度,每个稀释度吸取1 mL样品匀液于灭菌平皿内,每个稀释度做两个平皿。稀释液移入平皿后,将冷却至48℃的MRS琼脂培养基倾注入平皿约15 mL,转动平皿使混合均匀。(36±1)℃厌氧培养(72±2) h。从样品稀释到平板倾注要求在15 min内完成。

表5-13 乳酸菌总数计数培养条件的选择及结果说明

样品中的乳酸菌菌属	培养条件的选择及结果说明
仅包括双歧杆菌属	按GB 4789.34的规定执行。结果即为乳杆菌属总数
仅包括乳杆菌属	按照④操作。结果即为乳杆菌属总数
仅包括嗜热链球菌	按照③操作。结果即为嗜热链球菌总数
同时包括双歧杆菌属和乳杆菌属	1)按照④操作。结果即为乳酸菌总数 2)如需单独计数双歧杆菌数目,按照②操作
同时包括双歧杆菌属和嗜热链球菌	1)按照②和③操作,二者结果之和即为乳酸菌总数 2)如需单独计数双歧杆菌数目,按照②操作
同时包括乳杆菌属和嗜热链球菌	1)按照③和④操作,二者结果之和即为乳酸菌总数 2)③结果为嗜热链球菌总数 3)④结果为乳杆菌属总数

续表

样品中的乳酸菌菌属	培养条件的选择及结果说明
同时包括双歧杆菌属,乳杆菌属和嗜热链球菌	1)按照③和④操作,二者结果之和即为乳酸菌总数 2)如需单独计数双歧杆菌属数目,按照②操作

(3)菌落计数。

注:可用肉眼观察,必要时用放大镜或菌落计数器,记录稀释倍数和相应的菌落数量。菌落计数以菌落形成单位(CFU)表示。

①选取菌落数在 30~300 CFU、无蔓延菌落生长的平板计数菌落总数。低于 30 CFU 的平板记录具体菌落数,大于 300 CFU 的可记录为多不可计。每个稀释度的菌落数应采用两个平板的平均数。

②其中一个平板有较大片状菌落生长时,则不宜采用,而应以无片状菌落生长的平板作为该稀释度的菌落数;若片状菌落不到平板的一半,而其余一半中菌落分布又很均匀,即可计算半个平板后乘以 2,代表一个平板菌落数。

③当平板上出现菌落间无明显界线的链状生长时,则将每条单链作为一个菌落计数。

(4)结果的表述。

①若只有一个稀释度平板上的菌落数在适宜计数范围内,计算两个平板菌落数的平均值,再将平均值乘以相应稀释倍数,作为每克或每毫升中菌落总数结果。

②若有两个连续稀释度的平板菌落数在适宜计数范围内时,按式(5-12)计算。

$$N = \frac{\sum C}{(n_1 + 0.1n_2)d} \tag{5-12}$$

式中:N——样品中菌落数;

$\sum C$——平板(含适宜范围菌落数的平板)菌落数之和;

n_1——第一稀释度(低稀释倍数)平板个数;

n_2——第二稀释度(高稀释倍数)平板个数;

d——稀释因子(第一稀释度)。

③若所有稀释度的平板上菌落数均大于 300 CFU,则对稀释度最高的平板进行计数,其他平板可记录为多不可计,结果按平均菌落数乘以最高稀释倍数计算。

④若所有稀释度的平板菌落数均小于 30 CFU,则应按稀释度最低的平均菌

落数乘以稀释倍数计算。

⑤若所有稀释度(包括液体样品原液)平板均无菌落生长,则以小于1乘以最低稀释倍数计算。

⑥若所有稀释度的平板菌落数均不在30~300 CFU,其中一部分小于30 CFU或大于300 CFU时,则以最接近30 CFU或300 CFU的平均菌落数乘以稀释倍数计算。

(5)报告。

菌落数小于100 CFU时,按"四舍五入"原则修约,以整数报告。

菌落数大于或等于100 CFU时,第3位数字采用"四舍五入"原则修约后,取前2位数字,后面用0代替位数;也可用10的指数形式来表示,按"四舍五入"原则修约后,采用两位有效数字。

称重取样以CFU/g为单位报告,体积取样以CFU/mL为单位报告。

7. 结果与报告

根据菌落计数结果出具报告,报告单位以CFU/g(mL)表示。

第三节 检验检测标准

食品安全是重大的基本民生问题,民以食为天,安全是食品消费的最低要求,没有安全,色香味、营养都无从谈起;安全也是食品消费的基本要求,关乎百姓的健康甚至生命,食品安全压倒一切。部分食品检验检测标准如表5-14所示。

表5-14 传统乳制品相关检验检测标准

序号	标准号	标准名称	说明
1	GB 19301	生乳	适用于使用生乳生产的企业
2	GB 5420	干酪	适用于生产此产品的企业
3	GB 25192	再制干酪	适用于生产此产品的企业
4	GB 19646	稀奶油、奶油和无水奶油	适用于生产或作为原材料的企业
5	GB 12693	乳制品良好生产规范	—
6	GB 5009.2	食品安全国家标准 食品相对密度的测定	适用于使用生乳生产的企业
7	GB 5413.30	乳和乳制品杂质度的测定	—

续表

序号	标准号	标准名称	说明
8	GB 5009.239	食品安全国家标准 食品酸度的测定	—
9	GB 5009.6	食品安全国家标准 食品中脂肪的测定	—
10	GB 5413.29	婴幼儿食品和乳品溶解性的测定	—
11	GB 5009.168	食品安全国家标准 食品中脂肪酸的测定	—
12	GB 5413.5	婴幼儿食品和乳品中乳糖、蔗糖的测定	—
13	GB 5413.6	婴幼儿食品和乳品中不溶性膳食纤维的测定	适用于产品标准中有要求的企业
14	GB 5009.82	食品安全国家标准 食品中维生素A、D、E的测定	适用于产品标准中有要求的企业
15	GB 5009.158	食品安全国家标准 食品中维生素K_1的测定	适用于产品标准中有要求的企业
16	GB 5009.84	食品安全国家标准 食品中维生素B_1的测定	适用于产品标准中有要求的企业
17	GB 5009.85	食品安全国家标准 食品中维生素B_2的测定	适用于产品标准中有要求的企业
18	GB 5009.154	食品安全国家标准 食品中维生素B_6的测定	适用于产品标准中有要求的企业
19	GB 5413.14	婴幼儿食品和乳品中维生素B_{12}的测定	适用于产品标准中有要求的企业
20	GB 5009.89	食品安全国家标准 食品中烟酸和烟酰胺的测定	适用于产品标准中有要求的企业
21	GB 5009.211	食品安全国家标准 食品中叶酸的测定	适用于产品标准中有要求的企业
22	GB 5009.210	食品安全国家标准 食品中泛酸的测定	适用于产品标准中有要求的企业

续表

序号	标准号	标准名称	说明
23	GB 5413.18	婴幼儿食品和乳品中维生素 C 的测定	适用于产品标准中有要求的企业
24	GB 5009.259	食品安全国家标准 食品中生物素的测定	适用于产品标准中有要求的企业
25	GB 5009.87	食品安全国家标准 食品中磷的测定	适用于产品标准中有要求的企业
26	GB 5009.267	食品安全国家标准 食品中碘的测定	适用于产品标准中有要求的企业
27	GB 5009.44	食品安全国家标准 食品中氯化物的测定	适用于产品标准中有要求的企业
28	GB 5009.270	食品安全国家标准 食品中肌醇的测定	适用于产品标准中有要求的企业
29	GB 5009.169	食品安全国家标准 食品中牛磺酸的测定	适用于产品标准中有要求的企业
30	GB 5009.83	食品安全国家标准 食品中胡萝卜素的测定	适用于产品标准中有要求的企业
31	GB 5413.36	婴幼儿食品和乳品中反式脂肪酸的测定	适用于产品标准中有要求的企业
32	GB 5009.5	食品中蛋白质的测定	—
33	GB 5009.3	食品中水分的测定	—
34	GB 5009.4	食品中灰分的测定	—
35	GB 5009.12	食品中铅的测定	适用于产品标准中有要求的企业
36	GB 5009.33	食品中亚硝酸盐与硝酸盐的测定	适用于产品标准中有要求的企业
37	GB 5009.24	食品中黄曲霉毒素 M_1 和 B_1 的测定	适用于产品标准中有要求的企业
38	GB 5009.93	食品中硒的测定	适用于产品标准中有要求的企业
39	GB 5009.28	食品安全国家标准 食品中苯甲酸、山梨酸和糖精钠的测定	适用于产品标准中有要求的企业
40	GB 5413.38	生乳冰点的测定	适用于使用生乳生产的企业

续表

序号	标准号	标准名称	说明
41	GB 5413.39	乳和乳制品中非脂乳固体的测定	适用于使用生乳生产的企业
42	GB 4789.1	食品微生物学检验 总则	—
43	GB 4789.2	食品微生物学检验 菌落总数测定	—
44	GB 4789.3	食品微生物学检验 大肠菌群计数	—
45	GB 4789.4	食品微生物学检验 沙门氏菌检验	—
46	GB 4789.10	食品微生物学检验 金黄色葡萄球菌检验	—
47	GB 4789.15	食品微生物学检验 霉菌和酵母计数	—
48	GB 4789.35	食品微生物学检验 乳与乳制品检验	—
49	GB 4789.30	食品微生物学检验 单核细胞增生李斯特氏菌检验	适用于产品标准中有要求的企业
50	GB/T 317	白砂糖	适用于产品标准中有要求的企业
51	GB 2760	食品添加剂使用卫生标准	适用于产品标准中有要求的企业
52	GB 14880	食品营养强化剂使用卫生标准	适用于产品标准中有要求的企业
53	GB 5749	生活饮用水卫生标准	—
54	GB 2761	食品中真菌毒素限量	—
55	GB 2762	食品中污染物限量	—
56	GB 2763	食品中农药最大残留限量	—
57	—	企业使用的其他原辅料的相关标准	—
58	—	企业产品标准	—

第四节 预包装食品营养标签通则

为了满足消费者的需求,区分所购买的不同品种传统乳制品,制作具有传统特色的营养标签,消费者可通过观察标签的整个内容,了解传统乳制品的食品名称、内容物等信息,突出传统乳制品的特性,指导消费者购买相应的传统乳制品。

1. 范围

本标准适用于预包装食品营养标签上营养信息的描述和说明。

本标准不适用于保健食品及预包装特殊膳食用食品的营养标签标示。

2. 术语和定义

(1)营养标签。

预包装食品标签上向消费者提供食品营养信息和特性的说明,包括营养成分表、营养声称和营养成分功能声称。营养标签是预包装食品标签的一部分。

(2)营养素。

食物中具有特定生理作用,能维持机体生长、发育、活动、繁殖以及正常代谢所需的物质,包括蛋白质、脂肪、碳水化合物、矿物质及维生素等。

(3)营养成分。

食品中的营养素和除营养素以外的具有营养和(或)生理功能的其他食物成分。各营养成分的定义可参照 GB/Z 21922《食品营养成分基本术语》。

(4)核心营养素。

营养标签中的核心营养素包括蛋白质、脂肪、碳水化合物和钠。

(5)营养成分表。

标有食品营养成分名称、含量和占营养素参考值(NRV)百分比的规范性表格。

(6)营养素参考值(NRV)。

专用于食品营养标签,用于比较食品营养成分含量的参考值。

(7)营养声称。

对食品营养特性的描述和声明,如能量水平、蛋白质含量水平。营养声称包括含量声称和比较声称。

①含量声称。描述食品中能量或营养成分含量水平的声称。声称用语包括"含有""高""低"或"无"等。

②比较声称。与消费者熟知的同类食品的营养成分含量或能量值进行比较以后的声称。声称用语包括"增加"或"减少"等。

(8)营养成分功能声称。

某营养成分可以维持人体正常生长、发育和正常生理功能等作用的声称。

(9)修约间隔。

修约值的最小数值单位。

(10)可食部。

预包装食品净含量去除其中不可食用的部分后的剩余部分。

3. 基本要求

①预包装食品营养标签标示的任何营养信息,应真实、客观,不得标示虚假信息,不得夸大产品的营养作用或其他作用。

②预包装食品营养标签应使用中文。如同时使用外文标示的,其内容应当与中文相对应,外文字号不得大于中文字号。

③营养成分表应以一个"方框表"的形式表示(特殊情况除外),方框可为任意尺寸,并与包装的基线垂直,标题为"营养成分表"。

④食品营养成分含量应以具体数值标示,数值可通过原料计算或产品检测获得。

⑤食品企业可根据食品的营养特性、包装面积的大小和形状等因素选择使用其中的一种格式。

⑥营养标签应标在向消费者提供的最小销售单元的包装上。

4. 强制标示内容

①所有预包装食品营养标签强制标示的内容包括能量、核心营养素的含量值及其占营养素参考值(NRV)的百分比。当标示其他成分时,应采取适当形式使能量和核心营养素的标示更加醒目。

②对除能量和核心营养素外的其他营养成分进行营养声称或营养成分功能声称时,在营养成分表中还应标示出该营养成分的含量及其占营养素参考值(NRV)的百分比。

③使用了营养强化剂的预包装食品,除①的要求外,在营养成分表中还应标示强化后食品中该营养成分的含量值及其占营养素参考值(NRV)的百分比。

④食品配料含有或生产过程中使用了氢化和(或)部分氢化油脂时,在营养成分表中还应标示出反式脂肪(酸)的含量。

⑤上述未规定营养素参考值(NRV)的营养成分仅需标示含量。

5. 可选择标示内容

①除上述强制标示内容外,营养成分表中还可选择标示表 5-15 中的其他成分。

②当某营养成分含量标示值符合表 5-23 的含量要求和限制性条件时,可对该成分进行含量声称,声称方式见表 5-23。当某营养成分含量满足表 5-25 的要求和条件时,可对该成分进行比较声称,声称方式见表 5-25。当某营养成

分同时符合含量声称和比较声称的要求时,可以同时使用两种声称方式,或仅使用含量声称。含量声称和比较声称的同义语见表5-24和表5-26。

③当某营养成分的含量标示值符合含量声称或比较声称的要求和条件时,可使用相应的一条或多条营养成分功能声称标准用语。不应对功能声称用语进行任何形式的删改、添加和合并。

6. 营养成分的表达方式

①预包装食品中能量和营养成分的含量应以每100克(g)和(或)每100毫升(mL)和(或)每份食品可食部中的具体数值来标示。当用份标示时,应标明每份食品的量。份的大小可根据食品的特点或推荐量规定。

②营养成分表中强制标示和可选择性标示的营养成分的名称和顺序、标示单位、修约间隔、"0"界限值应符合表5-15的规定。当不标示某一营养成分时,依序上移。

③当标示 GB 14880 和卫生部公告中允许强化的除表5-15外的其他营养成分时,其排列顺序应位于表5-15所列营养素之后。

表5-15 能量和营养成分名称、顺序、表达单位、修约间隔和"0"界限值

能量和营养成分的名称和顺序	表达单位[a]	修约间隔	"0"界限值(每100 g或100 mL)[b]
能量	千焦(kJ)	1	≤17 kJ
蛋白质	克(g)	0.1	≤0.5 g
脂肪	克(g)	0.1	≤0.5 g
饱和脂肪(酸)	克(g)	0.1	≤0.1 g
反式脂肪(酸)	克(g)	0.1	≤0.3 g
单不饱和脂肪(酸)	克(g)	0.1	≤0.1 g
多不饱和脂肪(酸)	克(g)	0.1	≤0.1 g
胆固醇	毫克(mg)	1	≤5 mg
碳水化合物	克(g)	0.1	≤0.5 g
糖(乳糖)[c]	克(g)	0.1	≤0.5 g
膳食纤维(或单体成分,或可溶性、不可溶性膳食纤维)	克(g)	0.1	≤0.5 g
钠	毫克(mg)	1	≤5 mg
维生素 A	微克视黄醇当量(μg RE)	1	≤8μg RE

续表

能量和营养成分的名称和顺序	表达单位[a]	修约间隔	"0"界限值（每100 g或100 mL）[b]
维生素 D	微克(μg)	0.1	≤0.1μg
维生素 E	毫克α-生育酚当量(mg α-TE)	0.01	≤0.28 mg α-TE
维生素 K	微克(μg)	0.1	≤1.6μg
维生素 B_1(硫胺素)	毫克(mg)	0.01	≤0.03 mg
维生素 B_2(核黄素)	毫克(mg)	0.01	≤0.03 mg
维生素 B_6	毫克(mg)	0.01	≤0.03 mg
维生素 B_{12}	微克(μg)	0.01	≤0.05μg
维生素 C(抗坏血酸)	毫克(mg)	0.1	≤2.0 mg
烟酸(烟酰胺)	毫克(mg)	0.01	≤0.28 mg
叶酸	微克(μg)或微克叶酸当量(μg DFE)	1	≤8 μg
泛酸	毫克(mg)	0.01	≤0.10 mg
生物素	微克(μg)	0.1	≤0.6μg
胆碱	毫克(mg)	0.1	≤9.0 mg
磷	毫克(mg)	1	≤14 mg
钾	毫克(mg)	1	≤20 mg
镁	毫克(mg)	1	≤6 mg
钙	毫克(mg)	1	≤8 mg
铁	毫克(mg)	0.1	≤0.3 mg
锌	毫克(mg)	0.01	≤0.30 mg
碘	微克(μg)	0.1	≤3.0 μg
硒	微克(μg)	0.1	≤1.0 μg
铜	毫克(mg)	0.01	≤0.03 mg
氟	毫克(mg)	0.01	≤0.02 mg
锰	毫克(mg)	0.01	≤0.06 mg

注 a 营养成分的表达单位可选择表格中的中文或英文，也可以两者都使用。
　　b 当某营养成分含量数值≤"0"界限值时，其含量应标示为"0"；使用"份"的计量单位时，也要同时符合每100 g或100 mL的"0"界限值的规定。
　　c 在乳及乳制品的营养标签中可直接标示乳糖。

④在产品保质期内,能量和营养成分含量的允许误差范围应符合表5-16的规定。

表5-16 能量和营养成分含量的允许误差范围

能量和营养成分	允许误差范围
食品的蛋白质,多不饱和及单不饱和脂肪(酸),碳水化合物、糖(仅限乳糖)、总的、可溶性或不溶性膳食纤维及其单体,维生素(不包括维生素D、维生素A),矿物质(不包括钠),强化的其他营养成分	≥80%标示值
食品中的能量以及脂肪、饱和脂肪(酸)、反式脂肪(酸),胆固醇,钠,糖(除外乳糖)	≤120%标示值
食品中的维生素A和维生素D	80%~180%标示值

7. 豁免强制标示营养标签的预包装食品

预包装食品豁免强制标示营养标签:

——生鲜食品,如包装的生肉、生鱼、生蔬菜和水果、禽蛋等;

——乙醇含量≥0.5%的饮料酒类;

——包装总表面积≤100 cm² 或最大表面面积≤20 cm² 的食品;

——现制现售的食品;

——包装的饮用水;

——每日食用量≤10 g 或 10 mL 的预包装食品;

——其他法律法规标准规定可以不标示营养标签的预包装食品。

豁免强制标示营养标签的预包装食品,如果在其包装上出现任何营养信息时,应按照本标准执行。

8. 食品标签营养素参考值(NRV)及其使用方法

(1)食品标签营养素参考值(NRV)。

规定的能量和32种营养成分参考数值如表5-17所示。

表5-17 营养素参考值(NRV)

营养成分	NRV	营养成分	NRV
能量[a]	8400 kJ	叶酸	400μg DFE
蛋白质	60 g	泛酸	5 mg
脂肪	≤60 g	生物素	30 μg

续表

营养成分	NRV	营养成分	NRV
饱和脂肪酸	≤20 g	胆碱	450 mg
胆固醇	≤300 mg	钙	800 mg
碳水化合物	300 g	磷	700 mg
膳食纤维	25 g	钾	2000 mg
维生素 A	800 μg RE	钠	2000 mg
维生素 D	5 μg	镁	300 mg
维生素 E	14 mg α-TE	铁	15 mg
维生素 K	80 μg	锌	15 mg
维生素 B_1	1.4 mg	碘	150 μg
维生素 B_2	1.4 mg	硒	50 μg
维生素 B_6	1.4 mg	铜	1.5 mg
维生素 B_{12}	2.4 μg	氟	1 mg
维生素 C	100 mg	锰	3 mg
烟酸	14 mg	—	—

注 a 能量相当于 2000 kcal；蛋白质、脂肪、碳水化合物供能分别占总能量的 13%、27% 与 60%。

(2) 使用目的和方式。

用于比较和描述能量或营养成分含量的多少，使用营养声称和零数值的标示时，用作标准参考值。使用方式为营养成分含量占营养素参考值(NRV)的百分数；指定 NRV% 的修约间隔为 1，如 1%、5%、16% 等。

(3) 计算。

营养成分含量占营养素参考值(NRV)的百分数计算公式见式(5-13)：

$$NRV\% = \frac{X}{NRV} \times 100\% \qquad (5-13)$$

式中：X——食品中某营养素的含量；

NRV——该营养素的营养素参考值。

9. 营养标签格式

(1) 本部分规定了预包装食品营养标签的格式。

(2) 应选择以下 6 种格式中的一种进行营养标签的标示。

①仅标示能量和核心营养素的格式。仅标示能量和核心营养素的营养标签见表 5-18。

表 5-18 营养成分表

项目	每 100 克(g)或 100 毫升(mL)或每份	营养素参考值%或 NRV%
能量	千焦(kJ)	%
蛋白质	克(g)	%
脂肪	克(g)	%
碳水化合物	克(g)	%
钠	毫克(mg)	%

②标注更多营养成分。标注更多营养成分的营养标签见表 5-19。

表 5-19 营养成分表

项目	每 100 克(g)或 100 毫升(mL)或每份	营养素参考值%或 NRV%
能量	千焦(kJ)	%
蛋白质	克(g)	%
脂肪	克(g)	%
饱和脂肪	克(g)	%
胆固醇	毫克(mg)	%
碳水化合物	克(g)	%
糖	克(g)	
膳食纤维	克（g）	%
钠	毫克(mg)	%
维生素 A	微克视黄醇当量(mg RE)	%
钙	毫克(mg)	%

注 核心营养素应采取适当形式使其醒目。

③附有外文的格式。附有外文的营养标签见表 5-20。

表 5-20 营养成分表

项目/Items	每 100 克(g)或 100 毫升(mL)或每份 per 100 g/100 mL or per serving	营养素参考值%/NRV%
能量/energy	千焦(kJ)	%
蛋白质/protein	克(g)	%

续表

项目/Items	每 100 克(g)或 100 毫升(mL)或每份 per 100 g/100 mL or per serving	营养素参考值%/NRV%
脂肪/fat	克(g)	%
碳水化合物/carbohydrate	克(g)	%
钠/sodium	毫克(mg)	%

④横排格式。横排格式的营养标签见表5-21。

表5-21 营养成分表

项目	每100克(g)/毫升(mL)或每份	营养素参考值%或NRV%	项目	每100克(g)/毫升(mL)或每份	营养素参考值%或NRV%
能量	千焦(kJ)	%	碳水化合物	克(g)	%
蛋白质	克(g)	%	钠	毫克(mg)	%
脂肪	克(g)	%	—	—	%

注 根据包装特点,可将营养成分从左到右横向排开,分为两列或两列以上进行标示。

⑤文字格式。包装的总面积小于 100 cm^2 的食品,如进行营养成分标示,允许用非表格的形式,并可省略营养素参考值(NRV)的标示。根据包装特点,营养成分从左到右横向排开,或者自上而下排开:

营养成分/100g:能量××kJ,蛋白质××g,脂肪××g,碳水化合物××g,钠××mg。

⑥附有营养声称和(或)营养成分功能声称的格式。附有营养声称和(或)营养成分功能声称的营养标签见表5-22。

表5-22 营养成分表

项目	每 100 克(g)或 100 毫升(mL)或每份	营养素参考值%或NRV%
能量	千焦(kJ)	%
蛋白质	克(g)	%
脂肪	克(g)	%
碳水化合物	克(g)	%
钠	毫克(mg)	%

营养声称如:低脂肪××。

营养成分功能声称如：每日膳食中脂肪提供的能量比例不宜超过总能量的 30%。

营养声称、营养成分功能声称可以在标签的任意位置。但其字号不得大于食品名称和商标。

10. 能量和营养成分含量声称和比较声称的要求、条件和同义语

表 5-23 规定了预包装食品能量和营养成分含量声称的要求和条件。

表 5-24 规定了预包装食品能量和营养成分含量声称的同义语。

表 5-25 规定了预包装食品能量和营养成分比较声称的要求和条件。

表 5-26 规定了预包装食品能量和营养成分比较声称的同义语。

表 5-23 能量和营养成分含量声称的要求和条件

项目	含量声称方式	含量要求[a]	限制性条件
能量	无能量	≤17 kJ/100 g（固体）或 100 mL（液体）	其中脂肪提供的能量≤总能量的 50%
	低能量	≤170 kJ/100 g 固体 ≤80 kJ/100 mL 液体	
蛋白质	低蛋白质	来自蛋白质的能量≤总能量的 5%	总能量指每 100 g/mL 或每份
	蛋白质来源，或含有蛋白质	每 100 g 的含量≥10% NRV 每 100 mL 的含量≥5% NRV 或者每 420 kJ 的含量≥5% NRV	—
	高，或富含蛋白质	每 100 g 的含量≥20% NRV 每 100 mL 的含量 ≥10% NRV 或者每 420 kJ 的含量 ≥10% NRV	—
脂肪	无或不含脂肪	≤0.5 g/100g（固体）或 100 mL（液体）	
	低脂肪	≤3 g/100g 固体；≤1.5 g/100 mL 液体	
	瘦	脂肪含量≤10%	仅指畜肉类和禽肉类
	脱脂	液态奶和酸奶：脂肪含量≤0.5%；乳粉：脂肪含量≤1.5%	仅指乳品类
	无或不含饱和脂肪	≤0.1 g/100 g（固体）或 100 mL（液体）	指饱和脂肪及反式脂肪的总和

续表

项目	含量声称方式	含量要求[a]	限制性条件
脂肪	低饱和脂肪	≤1.5 g/100 g 固体 ≤0.75 g/100 mL 液体	指饱和脂肪及反式脂肪的总和提供的能量占食品总能量的10%以下
	无或不含反式脂肪酸	≤0.3 g/100 g(固体)或 100 mL(液体)	—
胆固醇	无或不含胆固醇	≤5 mg/100g(固体)或 100 mL(液体)	应同时符合低饱和脂肪的声称含量要求和限制性条件
	低胆固醇	≤20 m/100g 固体 ≤10 m/100 mL 液体	
碳水化合物（糖）	无或不含糖	≤0.5 g/100g(固体)或 100 mL(液体)	—
	低糖	≤5 g/100g(固体)或 100 mL(液体)	—
	低乳糖	乳糖含量≤2 g/100g(mL)	—
	无乳糖	乳糖含量≤0.5 g/100g(mL)	仅指乳品类
膳食纤维	膳食纤维来源或含有膳食纤维	≥3 g/100 g(固体) ≥1.5 g/100 mL(液体)或≥1.5 g/420 kJ	膳食纤维总量符合其含量要求；或者可溶性膳食纤维、不溶性膳食纤维或单体成分任一项符合含量要求
	高或富含膳食纤维或良好来源	≥6 g/100 g(固体) ≥3 g/100 mL(液体)或≥3 g/420 kJ	
钠	无或不含钠	≤5 mg/100 g 或 100 mL	符合"钠"声称的声称时，也可用"盐"字代替"钠"字，如"低盐""减少盐"等
	极低钠	≤40 mg/100 g 或 100 mL	
	低钠	≤120 mg/100 g 或 100 mL	
维生素	维生素×来源或含有维生素×	每 100 g 中≥15% NRV 每 100 mL 中≥7.5% NRV 或每 420 kJ中≥5% NRV	含有"多种维生素"指3种和(或)3种以上维生素含量符合"含有"的声称要求
	高或富含维生素×	每 100 g 中≥30% NRV 每 100 mL 中≥15% NRV 或每 420 kJ中≥10% NRV	富含"多种维生素"指3种和(或)3种以上维生素含量符合"富含"的声称要求

续表

项目	含量声称方式	含量要求ª	限制性条件
矿物质（不包括钠）	×来源,或含有×	每100 g 中 ≥15% NRV 每100 mL 中 ≥7.5% NRV 或 每420 kJ 中 ≥5% NRV	含有"多种矿物质"指 3 种和(或)3 种以上矿物质含量符合"含有"的声称要求
	高,或富含×	每100 g 中 ≥30% NRV 每100 mL 中 ≥15% NRV 或 每420 kJ 中 ≥10% NRV	富含"多种矿物质"指 3 种和(或)3 种以上矿物质含量符合"富含"的声称要求

注 a 用"份"作为食品计量单位时,也应符合 100 g(mL)的含量要求才可以进行声称。

表5-24 含量声称的同义语

标准语	同义语	标准语	同义语
不含,无	零(0),没有,100%不含,无,0%	含有,来源	提供,含,有
极低	极少	富含,高	良好来源,含丰富××、丰富(的)××,提供高(含量)××
低	少、少油ª		

注 a "少油"仅用于低脂肪的声称。

表5-25 能量和营养成分比较声称的要求和条件

比较声称方式	要求	条件
减少能量	与参考食品比较,能量值减少 25%以上	参考食品(基准食品)应为消费者熟知、容易理解的同类或同一属类食品
增加或减少蛋白质	与参考食品比较,蛋白质含量增加或减少 25%以上	
减少脂肪	与参考食品比较,脂肪含量减少 25%以上	
减少胆固醇	与参考食品比较,胆固醇含量减少 25%以上	
增加或减少碳水化合物	与参考食品比较,碳水化合物含量增加或减少 25%以上	
减少糖	与参考食品比较,糖含量减少 25%以上	
增加或减少膳食纤维	与参考食品比较,膳食纤维含量增加或减少 25%以上	
减少钠	与参考食品比较,钠含量减少 25%以上	

续表

比较声称方式	要求	条件
增加或减少矿物质(不包括钠)	与参考食品比较,矿物质含量增加或减少25%以上	参考食品(基准食品)应为消费者熟知、容易理解的同类或同一属类食品
增加或减少维生素	与参考食品比较,维生素含量增加或减少25%以上	

表5-26 比较声称的同义语

标准语	同义语	标准语	同义语
增加	增加×%(×倍)	减少	减少×%(×倍)
	增、增×%(×倍)		减、减×%(×倍)
	加、加×%(×倍)		少、少×%(×倍)
	增高、增高(了)×%(×倍)		减低、减低×%(×倍)
	添加(了)×%(×倍)		降×%(×倍)
	多×%,提高×倍等		降低×%(×倍)等

11. 能量和营养成分功能声称标准用语

(1)本部分规定了能量和营养成分功能声称标准用语。

(2)能量。

人体需要能量来维持生命活动。

机体的生长发育和一切活动都需要能量。

适当的能量可以保持良好的健康状况。

能量摄入过高、缺少运动与超重和肥胖有关。

(3)蛋白质。

蛋白质是人体的主要构成物质并提供多种氨基酸。

蛋白质是人体生命活动中必需的重要物质。

蛋白质有助于构成或修复人体组织。

蛋白质有助于组织的形成和生长。

蛋白质是组织形成和生长的主要营养素。

(4)脂肪。

脂肪提供高能量。

每日膳食中脂肪提供的能量比例不宜超过总能量的30%。

脂肪是人体的重要组成成分。

脂肪可辅助脂溶性维生素的吸收。脂肪提供人体必需脂肪酸。

①饱和脂肪。饱和脂肪可促进食品中胆固醇的吸收。饱和脂肪摄入过多有害健康。过多摄入饱和脂肪可使胆固醇增高，摄入量应少于每日总能量的10%。

②反式脂肪酸。每天摄入反式脂肪酸不应超过2.2 g，过多摄入有害健康。反式脂肪酸摄入量应少于每日总能量的1%，过多摄入有害健康。过多摄入反式脂肪酸可使血液胆固醇增高，从而增加心血管疾病发生的风险。

(5) 胆固醇。

成人一日膳食中胆固醇摄入总量不宜超过300 mg。

(6) 碳水化合物。碳水化合物是人类生存的基本物质。

碳水化合物是人类能量的主要来源。

碳水化合物是血糖生成的主要来源。

膳食中碳水化合物应占能量的60%左右。

(7) 膳食纤维。膳食纤维有助于维持正常的肠道功能。

膳食纤维是低能量物质。

(8) 钠。

钠能调节机体水分，维持酸碱平衡。

成人每日食盐的摄入量不超过6 g。钠摄入过高有害健康。

(9) 维生素A。

维生素A有助于维持暗视力。

维生素A有助于维持皮肤和黏膜健康。

(10) 维生素D。

维生素D可促进钙的吸收。

维生素D有助于骨骼和牙齿的健康。

维生素D有助于骨骼形成。

(11) 维生素E。

维生素E有抗氧化作用。

(12) 维生素B_1。

维生素B_1是能量代谢中不可缺少的成分。

维生素B_1有助于维持神经系统的正常生理功能。

(13) 维生素B_2。

维生素 B_2 有助于维持皮肤和黏膜健康。

维生素 B_2 是能量代谢中不可缺少的成分。

(14)维生素 B_6。

维生素 B_6 有助于蛋白质的代谢和利用。

(15)维生素 B_{12}。

维生素 B_{12} 有助于红细胞形成。

(16)维生素 C。

维生素 C 有助于维持皮肤和黏膜健康。

维生素 C 有助于维持骨骼、牙龈的健康。

维生素 C 可以促进铁的吸收。

维生素 C 有抗氧化作用。

(17)烟酸。

烟酸有助于维持皮肤和黏膜健康。

烟酸是能量代谢中不可缺少的成分。

烟酸有助于维持神经系统的健康。

(18)叶酸。

叶酸有助于胎儿大脑和神经系统的正常发育。

叶酸有助于红细胞形成。

叶酸有助于胎儿正常发育。

(19)泛酸。

泛酸是能量代谢和组织形成的重要成分。

(20)钙。

钙是人体骨骼和牙齿的主要组成成分,许多生理功能也需要钙的参与。

钙是骨骼和牙齿的主要成分,并维持骨密度。

钙有助于骨骼和牙齿的发育。钙有助于骨骼和牙齿更坚固。

(21)镁。

镁是能量代谢、组织形成和骨骼发育的重要成分。

(22)铁。

铁是血红细胞形成的重要成分。

铁是血红细胞形成的必需元素。

铁是血红蛋白产生所必需的。

(23)锌。

锌是儿童生长发育的必需元素。

锌有助于改善食欲。

锌有助于皮肤健康。

(24)碘。

碘是甲状腺发挥正常功能的元素。

第五节　预包装食品标签通则

1. 范围

本标准适用于直接提供给消费者的预包装食品标签和非直接提供给消费者的预包装食品标签。

本标准不适用于为预包装食品在储藏运输过程中提供保护的食品储运包装标签、散装食品和现制现售食品的标识。

2. 术语和定义

(1)预包装食品。

预先定量包装或者制作在包装材料和容器中的食品,包括预先定量包装以及预先定量制作在包装材料和容器中并且在一定量限范围内具有统一的质量或体积标识的食品。

(2)食品标签。

食品包装上的文字、图形、符号及一切说明物。

(3)配料。

在制造或加工食品时使用的,并存在(包括以改性的形式存在)于产品中的任何物质,包括食品添加剂。

(4)生产日期(制造日期)。

食品成为最终产品的日期,也包括包装或灌装日期,即将食品装入(灌入)包装物或容器中,形成最终销售单元的日期。

(5)保质期。

预包装食品在标签指明的贮存条件下,保持品质的期限。在此期限内,产品完全适于销售,并保持标签中不必说明或已经说明的特有品质。

(6)规格。

同一预包装内含有多件预包装食品时,对净含量和内含件数关系的表述。

(7)主要展示版面。

预包装食品包装物或包装容器上容易被观察到的版面。

3. 基本要求

①应符合法律、法规的规定,并符合相应食品安全标准的规定。

②应清晰、醒目、持久,应使消费者购买时易于辨认和识读。

③应通俗易懂、有科学依据,不得标示封建迷信、色情、贬低其他食品或违背营养科学常识的内容。

④应真实、准确,不得以虚假、夸大、使消费者误解或欺骗性的文字、图形等方式介绍食品,也不得利用字号大小或色差误导消费者。

⑤不应直接或以暗示性的语言、图形、符号,误导消费者将购买的食品或食品的某一性质与另一产品混淆。

⑥不应标注或者暗示具有预防、治疗疾病作用的内容,非保健食品不得明示或者暗示具有保健作用。

⑦不应与食品或者其包装物(容器)分离。

⑧应使用规范的汉字(商标除外)。具有装饰作用的各种艺术字,应书写正确,易于辨认。

可以同时使用拼音或少数民族文字,拼音不得大于相应汉字。

可以同时使用外文,但应与中文有对应关系(商标、进口食品的制造者和地址、国外经销者的名称和地址、网址除外)。所有外文不得大于相应的汉字(商标除外)。

⑨预包装食品包装物或包装容器最大表面面积大于 $35cm^2$ 时,强制标示内容的文字、符号、数字的高度不得小于 1.8 mm。

⑩一个销售单元的包装中含有不同品种、多个独立包装可单独销售的食品,每件独立包装的食品标识应当分别标注。

⑪若外包装易于开启识别或透过外包装物能清晰地识别内包装物(容器)上的所有强制标示内容或部分强制标示内容,可不在外包装物上重复标示相应的内容;否则应在外包装物上按要求标示所有强制标示内容。

4. 标示内容

(1)直接向消费者提供的预包装食品标签标示内容。

①一般要求。直接向消费者提供的预包装食品标签标示应包括食品名称、配料表、净含量和规格、生产者和(或)经销者的名称、地址和联系方式、生产日期和保质期、贮存条件、食品生产许可证编号、产品标准代号及其他需要标示的内容。

②食品名称。应在食品标签的醒目位置,清晰地标示反映食品真实属性的

专用名称。当国家标准、行业标准或地方标准中已规定了某食品的一个或几个名称时,应选用其中的一个,或等效的名称。无国家标准、行业标准或地方标准规定的名称时,应使用不使消费者误解或混淆的常用名称或通俗名称。标示"新创名称""奇特名称""音译名称""牌号名称""地区俚语名称"或"商标名称"时,应在所示名称的同一展示版面标示规定的名称。当"新创名称""奇特名称""音译名称""牌号名称""地区俚语名称"或"商标名称"含有易使人误解食品属性的文字或术语(词语)时,应在所示名称的同一展示版面邻近部位使用同一字号标示食品真实属性的专用名称。当食品真实属性的专用名称因字号或字体颜色不同易使人误解食品属性时,也应使用同一字号及同一字体颜色标示食品真实属性的专用名称。

为不使消费者误解或混淆食品的真实属性、物理状态或制作方法,可以在食品名称前或食品名称后附加相应的词或短语,如干燥的、浓缩的、复原的、熏制的、油炸的、粉末的、粒状的等。

③配料表。预包装食品的标签上应标示配料表,配料表中的各种配料应按要求标示具体名称,食品添加剂按照要求标示名称。配料表应以"配料"或"配料表"为引导词。当加工过程中所用的原料已改变为其他成分(如酒、酱油、食醋等发酵产品)时,可用"原料"或"原料与辅料"代替"配料""配料表",并按本标准相应条款的要求标示各种原料、辅料和食品添加剂。加工助剂不需要标示。各种配料应按制造或加工食品时加入量的递减顺序一一排列;加入量不超过2%的配料可以不按递减顺序排列。如果某种配料是由两种或两种以上的其他配料构成的复合配料(不包括复合食品添加剂),应在配料表中标示复合配料的名称,随后将复合配料的原始配料在括号内按加入量的递减顺序标示。当某种复合配料已有国家标准、行业标准或地方标准,且其加入量小于食品总量的25%时,不需要标示复合配料的原始配料。食品添加剂应当标示其在GB 2760中的食品添加剂通用名称。食品添加剂通用名称可以标示为食品添加剂的具体名称,也可标示为食品添加剂的功能类别名称并同时标示食品添加剂的具体名称或国际编码(INS号)(标示形式见本节7)。在同一预包装食品的标签上,应选择本节7中的一种形式标示食品添加剂。当采用同时标示食品添加剂的功能类别名称和国际编码的形式时,若某种食品添加剂尚不存在相应的国际编码,或因致敏物质标示需要,可以标示其具体名称。食品添加剂的名称不包括其制法。加入量小于食品总量25%的复合配料中含有的食品添加剂,若符合GB 2760规定的带入原则且在最终产品中不起工艺作用的,不需要标示。在食

品制造或加工过程中,加入的水应在配料表中标示。在加工过程中已挥发的水或其他挥发性配料不需要标示。可食用的包装物也应在配料表中标示原始配料,国家另有法律法规规定的除外。

下列食品配料,可以选择按表5-27的方式标示。

表5-27 配料标示方式

配料类别	标示方式
各种植物油或精炼植物油,不包括橄榄油	"植物油"或"精炼植物油";如经过氢化处理,应标示为"氢化"或"部分氢化"
各种淀粉,不包括化学改性淀粉	"淀粉"
加入量不超过2%的各种香辛料或香辛料浸出物(单一的或合计的)	"香辛料""香辛料类"或"复合香辛料"
胶基糖果的各种胶基物质制剂	"胶姆糖基础剂""胶基"
添加量不超过10%的各种果脯蜜饯水果	"蜜饯""果脯"
食用香精、香料	"食用香精""食用香料""食用香精香料"

④配料的定量标示。如果在食品标签或食品说明书上特别强调添加了或含有一种或多种有价值、有特性的配料或成分,应标示所强调配料或成分的添加量或在成品中的含量。如果在食品的标签上特别强调一种或多种配料或成分的含量较低或无时,应标示所强调配料或成分在成品中的含量。食品名称中提及的某种配料或成分而未在标签上特别强调,不需要标示该种配料或成分的添加量或在成品中的含量。

⑤净含量和规格。净含量的标示应由净含量、数字和法定计量单位组成(标示形式参见本节8)。应依据法定计量单位,按以下形式标示包装物(容器)中食品的净含量:液态食品,用体积升(L)、毫升(mL),或用质量克(g)、千克(kg);固态食品,用质量克(g)、千克(kg);半固态或黏性食品,用质量克(g)、千克(kg)或体积升(L)、毫升(mL)。

净含量的计量单位应按表5-28标示。

表5-28 净含量计量单位的标示方式

计量方式	净含量(Q)的范围	计量单位
体积	$Q<1000$ mL	毫升(mL)
	$Q\geqslant 1000$ mL	升(L)

续表

计量方式	净含量(Q)的范围	计量单位
质量	Q<1000 g	克（g）
	Q≥1000 g	千克（kg）

净含量字符的最小高度应符合表5-29的规定。

表5-29 净含量字符的最小高度

净含量(Q)的范围	字符的最小高度(mm)
Q≤50 mL；Q≤50 g	2
50 mL<Q≤200 mL；50 g<Q≤200 g	3
200 mL<Q≤1 L；200 g<Q≤1 kg	4
Q>1 kg；Q>1 L	6

净含量应与食品名称在包装物或容器的同一展示版面标示。

容器中含有固、液两相物质的食品，且固相物质为主要食品配料时，除标示净含量外，还应以质量或质量分数的形式标示沥干物（固形物）的含量（标示形式参见本节8）。

同一预包装内含有多个单件预包装食品时，大包装在标示净含量的同时还应标示规格。

规格的标示应由单件预包装食品净含量和件数组成，或只标示件数，可不标示"规格"二字。单件预包装食品的规格即指净含量（标示形式参见本节8）。

⑥生产者、经销者的名称、地址和联系方式。应当标注生产者的名称、地址和联系方式。生产者名称和地址应当是依法登记注册、能够承担产品安全质量责任的生产者的名称、地址。有下列情形之一的，应按下列要求予以标示。依法独立承担法律责任的集团公司、集团公司的子公司，应标示各自的名称和地址。不能依法独立承担法律责任的集团公司的分公司或集团公司的生产基地，应标示集团公司和分公司（生产基地）的名称、地址；或仅标示集团公司的名称、地址及产地，产地应当按照行政区划标注到地市级地域。受其他单位委托加工预包装食品的，应标示委托单位和受委托单位的名称和地址；或仅标示委托单位的名称和地址及产地，产地应当按照行政区划标注到地市级地域。

依法承担法律责任的生产者或经销者的联系方式应标示以下至少一项内容：电话、传真、网络联系方式等，或与地址一并标示的邮政地址。

进口预包装食品应标示原产国国名或地区区名,以及在中国依法登记注册的代理商、进口商或经销者的名称、地址和联系方式,可不标示生产者的名称、地址和联系方式。

⑦日期标示。应清晰标示预包装食品的生产日期和保质期。如日期标示采用"见包装物某部位"的形式,应标示所在包装物的具体部位。日期标示不得另外加贴、补印或篡改(标示形式参见本节8)。

当同一预包装内含有多个标示了生产日期及保质期的单件预包装食品时,外包装上标示的保质期应按最早到期的单件食品的保质期计算。外包装上标示的生产日期应为最早生产的单件食品的生产日期,或外包装形成销售单元的日期;也可在外包装上分别标示各单件装食品的生产日期和保质期。

应按年、月、日的顺序标示日期,如果不按此顺序标示,应注明日期标示顺序(标示形式参见本节8)。

⑧贮存条件。预包装食品标签应标示贮存条件(标示形式参见本节8)。

⑨食品生产许可证编号。预包装食品标签应标示食品生产许可证编号的,标示形式按照相关规定执行。

⑩产品标准代号。在国内生产并在国内销售的预包装食品(不包括进口预包装食品)应标示产品所执行的标准代号和顺序号。

⑪其他标示内容。辐照食品:经电离辐射线或电离能量处理过的食品,应在食品名称附近标示"辐照食品"。经电离辐射线或电离能量处理过的任何配料,应在配料表中标明。

转基因食品:转基因食品的标示应符合相关法律、法规的规定。

营养标签:特殊膳食类食品和专供婴幼儿的主辅类食品,应当标示主要营养成分及其含量,标示方式按照 GB 13432 执行。其他预包装食品如需标示营养标签,标示方式参照相关法规标准执行。

质量(品质)等级:食品所执行的相应产品标准已明确规定质量(品质)等级的,应标示质量(品质)等级。

(2)非直接提供给消费者的预包装食品标签标示内容。

非直接提供给消费者的预包装食品标签应按照(1)项下的相应要求标示食品名称、规格、净含量、生产日期、保质期和贮存条件,其他内容如未在标签上标注,则应在说明书或合同中注明。

(3)标示内容的豁免。

①下列预包装食品可以免除标示保质期:酒精度大于或等于 10% 的饮料

酒;食醋;食用盐;固态食糖类;味精。

②当预包装食品包装物或包装容器的最大表面面积小于 10cm^2 时(最大表面面积计算方法见本节6),可以只标示产品名称、净含量、生产者(或经销商)的名称和地址。

(4)推荐标示内容。

①批号。根据产品需要,可以标示产品的批号。

②食用方法。根据产品需要,可以标示容器的开启方法、食用方法、烹调方法、复水再制方法等对消费者有帮助的说明。

③致敏物质。以下食品及其制品可能导致过敏反应,如果用作配料,宜在配料表中使用易辨识的名称,或在配料表邻近位置加以提示:含有麸质的谷物及其制品(如小麦、黑麦、大麦、燕麦、斯佩耳特小麦或它们的杂交品系);甲壳纲类动物及其制品(如虾、龙虾、蟹等);鱼类及其制品;蛋类及其制品;花生及其制品;大豆及其制品;乳及乳制品(包括乳糖);坚果及其果仁类制品。

如加工过程中可能带入上述食品或其制品,宜在配料表临近位置加以提示。

5. 其他

按国家相关规定需要特殊审批的食品,其标签标识按照相关规定执行。

6. 包装物或包装容器最大表面面积计算方法

(1)长方体形包装物或长方体形包装容器计算方法。

长方体形包装物或长方体形包装容器的最大一个侧面的高度(cm)乘以宽度(cm)。

(2)圆柱形包装物、圆柱形包装容器或近似圆柱形包装物、近似圆柱形包装容器计算方法。

包装物或包装容器的高度(cm)乘以圆周长(cm)的 40%。

(3)其他形状的包装物或包装容器计算方法。

包装物或包装容器的总表面积的 40%。

如果包装物或包装容器有明显的主要展示版面,应以主要展示版面的面积为最大表面面积。

包装袋等计算表面面积时应除去封边所占尺寸。瓶形或罐形包装计算表面面积时不包括肩部、颈部、顶部和底部的凸缘。

7. 食品添加剂在配料表中的标示形式

(1)按照加入量的递减顺序全部标示食品添加剂的具体名称。

配料:水,全脂奶粉,稀奶油,植物油,巧克力(可可液块,白砂糖,可可脂,磷脂,聚甘油蓖麻醇酯,食用香精,柠檬黄),葡萄糖浆,丙二醇脂肪酸酯,卡拉胶,瓜尔胶,胭脂树橙,麦芽糊精,食用香料。

(2)按照加入量的递减顺序全部标示食品添加剂的功能类别名称及国际编码。

配料:水,全脂奶粉,稀奶油,植物油,巧克力[可可液块,白砂糖,可可脂,乳化剂(322,476),食用香精,着色剂(102)],葡萄糖浆,乳化剂(477),增稠剂(407,412),着色剂(160b),麦芽糊精,食用香料。

(3)按照加入量的递减顺序全部标示食品添加剂的功能类别名称及具体名称。

配料:水,全脂奶粉,稀奶油,植物油,巧克力[可可液块,白砂糖,可可脂,乳化剂(磷脂,聚甘油蓖麻醇酯),食用香精,着色剂(柠檬黄)],葡萄糖浆,乳化剂(丙二醇脂肪酸酯),增稠剂(卡拉胶,瓜尔胶),着色剂(胭脂树橙),麦芽糊精,食用香料。

(4)建立食品添加剂项一并标示的形式。

①一般原则。

直接使用的食品添加剂应在食品添加剂项中标注。营养强化剂、食用香精香料、胶基糖果中基础剂物质可在配料表的食品添加剂项外标注。非直接使用的食品添加剂不在食品添加剂项中标注。食品添加剂项在配料表中的标注顺序由需纳入该项的各种食品添加剂的总重量决定。

②全部标示食品添加剂的具体名称。

配料:水,全脂奶粉,稀奶油,植物油,巧克力(可可液块,白砂糖,可可脂,磷脂,聚甘油蓖麻醇酯,食用香精,柠檬黄),葡萄糖浆,食品添加剂(丙二醇脂肪酸酯,卡拉胶,瓜尔胶,胭脂树橙),麦芽糊精,食用香料。

③全部标示食品添加剂的功能类别名称及国际编码。

配料:水,全脂奶粉,稀奶油,植物油,巧克力[可可液块,白砂糖,可可脂,乳化剂(322,476),食用香精,着色剂(102)],葡萄糖浆,食品添加剂[乳化剂(477),增稠剂(407,412),着色剂(160b)],麦芽糊精,食用香料。

(5)全部标示食品添加剂的功能类别名称及具体名称。

配料:水,全脂奶粉,稀奶油,植物油,巧克力[可可液块,白砂糖,可可脂,乳化剂(磷脂,聚甘油蓖麻醇酯),食用香精,着色剂(柠檬黄)],葡萄糖浆,食品添加剂[乳化剂(丙二醇脂肪酸酯),增稠剂(卡拉胶,瓜尔胶),着色剂(胭脂树橙)],麦芽糊精,食用香料。

8. 部分标签项目的推荐标示形式

(1)概述。

本部分以示例形式提供了预包装食品部分标签项目的推荐标示形式,标示相应项目时可选用但不限于这些形式。如需要根据食品特性或包装特点等对推荐形式调整使用的,应与推荐形式基本含义保持一致。

(2)净含量和规格的标示。

为方便表述,净含量的示例统一使用质量为计量方式,使用冒号为分隔符。标签上应使用实际产品适用的计量单位,并可根据实际情况选择空格或其他符号作为分隔符,便于识读。

①单件预包装食品的净含量(规格)可以有如下标示形式。

净含量(或净含量/规格):450 克。

净含量(或净含量/规格):225 克(200 克+送 25 克)。

净含量(或净含量/规格):200 克+赠 25 克。

净含量(或净含量/规格):(200+25)克。

②净含量和沥干物(固形物)可以有如下标示形式(以"糖水梨罐头"为例)。

净含量(或净含量/规格):425 克沥干物(或固形物或 梨块):不低于 255 克(或不低于 60%)。

③同一预包装内含有多件同种类的预包装食品时,净含量和规格均可以有如下标示形式。

净含量(或净含量/规格): 40 克×5。

净含量(或净含量/规格): 5×40 克。

净含量(或净含量/规格):200 克(5×40 克)。

净含量(或净含量/规格):200 克(40 克×5)。

净含量(或净含量/规格):200 克(5 件)。

净含量:200 克规格:5×40 克。

净含量:200 克规格:40 克×5。

净含量:200 克规格:5 件。

净含量(或净含量/规格):200 克(100 克 + 50 克×2)。

净含量(或净含量/规格):200 克(80 克×2 + 40 克)。

净含量:200 克规格:100 克 + 50 克×2。

净含量:200 克规格:80 克×2 + 40 克。

④同一预包装内含有多件不同种类的预包装食品时,净含量和规格可以有

如下标示形式。

净含量(或净含量/规格):200 克(A 产品 40 克×3,B 产品 40 克×2)。

净含量(或净含量/规格):200 克(40 克×3,40 克×2)。

净含量(或净含量/规格):100 克 A 产品,50 克×2 B 产品,50 克 C 产品。

净含量(或净含量/规格):A 产品:100 克,B 产品:50 克×2,C 产品:50 克。

净含量/规格:100 克(A 产品),50 克×2(B 产品),50 克(C 产品)。

净含量/规格:A 产品 100 克,B 产品 50 克×2,C 产品 50 克。

(3)日期的标示。

日期中年、月、日可用空格、斜线、连字符、句点等符号分隔,或不用分隔符。年代号一般应标示 4 位数字,小包装食品也可以标示 2 位数字。月、日应标示 2 位数字。日期的标示可以有如下形式。

2010 年 3 月 20 日;2010 03 20; 2010/03/20; 20100320。

20 日 3 月 2010 年;3 月 20 日 2010 年。

(月/日/年):03 20 2010; 03/20/2010; 03202010。

(4)保质期的标示。

保质期可以有如下标示形式。

最好在……之前食(饮)用;……之前食(饮)用最佳;……之前最佳;此日期前最佳……;此日期前食(饮)用最佳……。

保质期(至)……;保质期××个月(或 ××日,或 ××天,或 ××周,或 ×年)。

(5)贮存条件的标示。

贮存条件可以标示"贮存条件""贮藏条件""贮藏方法"等标题,或不标示标题。贮存条件可以有如下标示形式。

常温(或冷冻,或冷藏,或避光,或阴凉干燥处)保存。

××-××℃保存。

请置于阴凉干燥处。

常温保存,开封后需冷藏。

温度:≤××℃,湿度:≤××%。

第六章　蒙古族传统乳制品食品安全地方标准

一、奶豆腐(浩乳德)

1. 标准代号及适用范围

《食品安全地方标准　蒙古族传统乳制品　第3部分:奶豆腐》(DBS15/001.3—2017)是内蒙古自治区食品安全地方标准。本标准适用于在内蒙古自治区范围内生产加工的地方特色乳制品奶豆腐。

2. 奶豆腐生产工艺要求

本标准中包含了奶豆腐和干制奶豆腐这两种产品。

(1)奶豆腐。

以生牛乳为原料,经过发酵后除去脂肪,然后加热并不断地排掉乳清液,将凝乳物经过热烫揉和后,装入模具中成型,经过脱模晾晒包装而得到的产品即为奶豆腐。

(2)干奶豆腐。

以生牛乳为原料,经过发酵后除去脂肪,然后加热并不断地排掉乳清液,将凝乳物经过热烫揉和后,装入模具中成型,经过脱模晾晒包装而得到的水分含量小于10%的产品即为干奶豆腐。

3. 奶豆腐产品质量技术要求

奶豆腐产品质量技术要求应当符合《食品安全地方标准　蒙古族传统乳制品　第3部分:奶豆腐》(DBS15/001.3—2017)的规定,主要包括原料乳要求、感官要求、理化指标、污染物限量、真菌毒素限量、微生物限量等。

(1)原料乳要求。

生产加工奶豆腐所用原料乳应当符合《食品安全国家标准　生乳》(GB 19301)的规定,即从符合国家有关要求的健康奶畜乳房中挤出的无任何成分改变的常乳。产犊后七天的初乳、应用抗生素期间和休药期间的乳汁、变质乳不应当用作原料乳。

原料乳的感官要求是:色泽呈乳白或微黄色,滋味、气味具有乳固有的香味,无异味,组织状态呈均匀一致的液体,无凝块、无沉淀、无正常视力可见异物。

理化指标:冰点在 $-0.500 \sim -0.560$℃;相对密度 ≥ 1.027(20℃/4℃);蛋白质 ≥ 2.8 g/100 g;脂肪 ≥ 3.1 g/100 g;非脂乳固体 ≥ 8.1 g/100 g;杂质度 ≤ 4.0 mg/kg;滴定酸度在 $12 \sim 18$°T;菌落总数 $\leq 2 \times 10^6$ CFU/g(mL)。

原料乳中污染物限量、真菌毒素限量、农药残留量、兽药残留量应符合国家有关规定和公告。

(2)感官要求。

奶豆腐的感官应当符合《食品安全地方标准 蒙古族传统乳制品 第3部分:奶豆腐》(DBS15/ 001.3—2017)的规定,即:色泽呈乳白色或乳黄色;滋味和气味:具有乳香味、微酸,无异味;组织状态:质地均匀,组织细腻,无正常视力可见的外来异物和霉斑。

(3)理化指标。

奶豆腐理化指标应为:水分 $\leq 53.0\%$、蛋白质 $\geq 26.0\%$;干奶豆腐水分 $\leq 10.0\%$、蛋白质 $\geq 43.0\%$。

(4)污染物限量。

污染物限量应符合 GB 2762 的规定,即铅在乳及乳制品中限量为铅 ≤ 0.05 mg/kg。

(5)真菌毒素限量。

真菌毒素限量应符合 GB 2761 的规定,即黄曲霉毒素 M_1 在乳及乳制品中应 ≤ 0.5 μg/kg。

(6)微生物限量。

奶豆腐产品微生物检测包括:大肠菌群、金黄色葡萄球菌、沙门氏菌、霉菌。大肠菌群5个样中,2个或少于2个样品在 $100 \sim 1000$ CFU/g 为合格;金黄色葡萄球菌,5个样中,2个或少于2个样品在 $100 \sim 1000$ CFU/g 为合格;沙门氏菌不得检出;霉菌应 ≤ 50 CFU/g。

4. 其他

产品应在冷藏或冷冻条件下贮存、销售;干奶豆腐可在阴凉干燥处贮存、销售。

5. 说明

奶豆腐是利用乳中蛋白质在酸的条件下发生化学变化这一特性加工而成的,即牛乳经过自然发酵使牛乳变酸,其中的蛋白质发生变化形成沉淀,所以奶豆腐产品主要成分为蛋白质,而且酪蛋白占主要成分。所以产品理化指标参数设定主要指标为蛋白质,经过检测最终确定了蛋白质的下限值。

二、毕希拉格

1. 标准代号及适用范围

《食品安全地方标准　蒙古族传统乳制品　毕希拉格》(DBS15/ 005—2017)是内蒙古自治区食品安全地方标准。本标准适用于在内蒙古自治区范围内生产加工的地方特色乳制品毕希拉格。

2. 毕希拉格生产工艺要求

本标准中包含了慢酸法毕希拉格和快酸法毕希拉这两种产品。

(1)慢酸法毕希拉格。

以生牛乳为原料,经过加热除去脂肪,然后发酵,经加热并不断地排掉乳清液,装入模具中成型,经过脱模晾晒包装而得到的产品即为慢酸法毕拉格。

(2)快酸法毕希拉格。

以生牛乳为原料,经过部分脱脂或不脱脂,然后加热并不断地加入已凝酸乳混合,将乳清不断排掉,装入模具中成型,经过脱模晾晒包装而得到的产品即为快酸法毕希拉格。

3. 毕希拉格产品质量技术要求

毕希拉格产品质量技术要求主要从原料乳要求、感官要求、理化指标、污染物限量、真菌毒素限量、微生物限量等方面加以要求。

(1)原料乳要求。

生产加工毕希拉格所用原料乳应符合生乳食品安全国家标准(GB 19301)的规定,即色泽呈乳白色或微黄色;具有乳固有的香味,无异味;组织状态呈均匀一致液体,无凝块,无沉淀,无正常视力可见的异物;冰点在$-0.500 \sim -0.560$℃;相对密度≥1.027(20℃/4℃);蛋白质≥2.8 g/100 g;脂肪≥3.1 g/100 g;非脂乳固体≥8.1 g/100 g;杂质度≤4.0 mg/kg;滴定酸度在12~18°T;菌落总数≤$2×10^6$ CFU/g(mL)。污染物限量、真菌毒素限量、农药残留量、兽药残留量应符合国家有关规定和公告。

(2)感官要求。

通过感官对毕希拉格产品的要求应为:色泽呈浅褐色或黄褐色;滋味和气味;具有浓郁香味,无异味;组织状态:质地均匀,组织细腻,无正常视力可见的外来异物和霉斑。

(3)理化指标。

毕希拉格理化指标应为：水分≤53.0%、蛋白质≥26.0%。

(4)污染物限量。

污染物限量应符合 GB 2762 的规定，即铅在乳及乳制品中限量为铅≤0.3 mg/kg。

(5)真菌毒素限量。

真菌毒素限量应符合 GB 2761 的规定，即黄曲霉毒素 M_1 在乳及乳制品中应≤0.5 μg/kg。

(6)微生物限量。

毕希拉格产品微生物检测包括：大肠菌群、金黄色葡萄球菌、沙门氏菌、霉菌。大肠菌群 5 个样中，2 个或少于 2 个样品在 100~1000 CFU/g 为合格；金黄色葡萄球菌 5 个样中，2 个或少于 2 个样品在 100~1000 CFU/g 为合格；沙门氏菌不得检出；霉菌应≤50 CFU/g。

4. 其他

产品应在冷藏或冷冻条件下贮存、销售；水分含量≤10%的产品可在阴凉干燥处贮存、销售。

5. 说明

毕希拉格是利用乳中蛋白质在酸的条件下发生化学变化这一特性加工而成的，即牛乳经过自然发酵或加酸点制使牛乳变酸，慢酸法毕希拉格为自然发酵产酸，快酸法毕希拉为加酸点制产酸，其中的蛋白质发生变化形成沉淀，所以毕希拉格产品主要成分为蛋白质，而且酪蛋白占主要成分。所以产品理化指标参数设定主要指标为蛋白质，经过检测最终确定了蛋白质的下限值。

三、楚拉

1. 标准代号及适用范围

《食品安全地方标准　蒙古族传统乳制品　楚拉》(DBS15/ 007—2016)是内蒙古自治区食品安全地方标准。本标准适用于在内蒙古自治区范围内生产加工的地方特色乳制品楚拉。

2. 楚拉生产工艺要求

以生牛乳为原料，经过发酵后除去脂肪，然后加热并不断的排掉乳清液，将凝乳物成型，经过晾晒包装而得到的产品即为楚拉。

3. 楚拉产品质量技术要求

楚拉产品质量技术要求主要从原料乳要求、感官要求、理化指标、污染物限量、真菌毒素限量、微生物限量等方面加以要求。

(1) 原料乳要求。

生产加工楚拉所用原料乳应符合生乳食品安全国家标准(GB 19301)的规定,即色泽呈乳白色或微黄色;具有乳固有的香味,无异味;组织状态呈均匀一致液体,无凝块,无沉淀,无正常视力可见的异物;冰点在-0.500~-0.560℃;相对密度≥1.027(20℃/4℃);蛋白质≥2.8 g/100 g;脂肪≥3.1 g/100 g;非脂乳固体≥8.1 g/100 g;杂质度≤4.0 mg/kg;滴定酸度在12~18°T;菌落总数≤2×10^6 CFU/g(mL)。污染物限量、真菌毒素限量、农药残留量、兽药残留量应符合国家有关规定和公告。

(2) 感官要求。

通过感官对楚拉产品的要求应为:色泽呈乳白色或乳黄色;滋味和气味:具有乳香味、微酸,无异味;组织状态:质地均匀,组织细腻,无正常视力可见的外来异物和霉斑。

(3) 理化指标。

楚拉理化指标应为:水分≤20%、蛋白质≥40%。

(4) 污染物限量。

污染物限量应符合GB 2762的规定,即铅在乳及乳制品中限量为铅≤0.05 mg/kg。

(5) 真菌毒素限量。

真菌毒素限量应符合GB 2761的规定,即黄曲霉毒素M_1在乳及乳制品中应≤0.5 μg/kg。

(6) 微生物限量。

楚拉产品微生物检测包括大肠菌群、金黄色葡萄球菌、沙门氏菌、霉菌。大肠菌群5个样中,2个或少于2个样品在100~1000 CFU/g为合格;金黄色葡萄球菌5个样中,2个或少于2个样品在100~1000 CFU/g为合格;沙门氏菌不得检出;霉菌应≤50 CFU/g。

4. 其他

产品应在冷藏或冷冻条件下贮存、销售;水分含量≤10%的产品可在阴凉干燥处贮存、销售。

5. 说明

楚拉是利用乳中蛋白质在酸的条件下发生化学变化这一特性加工而成的,即牛乳经过自然发酵使牛乳变酸,其中的蛋白质发生变化形成沉淀,所以楚拉产品主要成分为蛋白质,而且酪蛋白占主要成分。所以产品理化指标参数设定主要指标为蛋白质,经过检测最终确定了蛋白质的下限值。

四、酸酪蛋(阿尔沁浩乳德)

1. 标准代号及适用范围

《食品安全地方标准 蒙古族传统乳制品 酸酪蛋》(DBS15/ 006—2016)是内蒙古自治区食品安全地方标准。本标准适用于在内蒙古自治区范围内生产加工的地方特色乳制品酸酪蛋。

2. 酸酪蛋生产工艺要求

以生牛乳为原料,经过煮沸后脱脂,经过发酵,然后加热并不断地排掉乳清液,将凝乳物装入模具中成型,经过脱模晾晒包装而得到的产品即为酸酪蛋。

3. 酸酪蛋产品质量技术要求

酸酪蛋产品质量技术要求主要从原料乳要求、感官要求、理化指标、污染物限量、真菌毒素限量、微生物限量等方面加以要求。

(1)原料乳要求。

生产加工酸酪蛋所用原料乳应符合生乳食品安全国家标准(GB 19301)的规定,即色泽呈乳白色或微黄色;具有乳固有的香味,无异味;组织状态呈均匀一致液体,无凝块,无沉淀,无正常视力可见的异物;冰点在-0.500~-0.560℃;相对密度≥1.027(20℃/4℃);蛋白质≥2.8 g/100 g;脂肪≥3.1 g/100 g;非脂乳固体≥8.1 g/100 g;杂质度≤4.0 mg/kg;滴定酸度在12~18°T;菌落总数≤2×10^6 CFU/g(mL)。污染物限量、真菌毒素限量、农药残留量、兽药残留量应符合国家有关规定和公告。

(2)感官要求。

通过感官对酸酪蛋产品的要求应为:色泽呈乳白色或乳黄色、浅褐色或黄褐色;滋味和气味:具有乳香味、微酸,无异味;组织状态:质地均匀,组织细腻,无正常视力可见的外来异物和霉斑。

(3)理化指标。

酸酪蛋理化指标应为:水分≤20%、蛋白质≥40%。

(4)污染物限量。

污染物限量应符合 GB 2762 的规定,即铅在乳及乳制品中限量为铅≤0.05 mg/kg。

(5)真菌毒素限量。

真菌毒素限量应符合 GB 2761 的规定,即黄曲霉毒素 M_1 在乳及乳制品中应 ≤0.5 μg/kg。

(6)微生物限量。

酸酪蛋产品微生物检测包括大肠菌群、金黄色葡萄球菌、沙门氏菌、霉菌。大肠菌群 5 个样中,2 个或少于 2 个样品在 100~1000 CFU/g 为合格;金黄色葡萄球菌 5 个样中,2 个或少于 2 个样品在 100~1000 CFU/g 为合格;沙门氏菌不得检出;霉菌应≤50 CFU/g。

4. 其他

产品应在冷藏或冷冻条件下贮存、销售;水分含量≤10%的产品可在阴凉干燥处贮存、销售。

5. 说明

酸酪蛋是利用乳中蛋白质在酸的条件下发生化学变化这一特性加工而成的,即牛乳经过自然发酵使牛乳变酸,其中的蛋白质发生变化形成沉淀,所以酸酪蛋产品主要成分为蛋白质,而且是酪蛋白占主要成分。所以产品理化指标参数设定主要指标为蛋白质,经过检测最终确定了蛋白质的下限值。

五、奶皮子(乌乳穆)

1. 标准代号及适用范围

《食品安全地方标准 蒙古族传统乳制品 第 2 部分:奶皮子》(DBS15/001.2—2016)是内蒙古自治区食品安全地方标准。本标准适用于在内蒙古自治区范围内生产加工的地方特色乳制品奶皮子。

2. 奶皮子生产工艺要求

以生牛乳为原料,经过加热并不断地翻扬至起泡沫,经过一定时间的保温,经过冷却后乳的表面即形成奶油层,将此奶油层经过干燥或不干燥包装得到的产品即为奶皮子。

3. 奶皮子产品质量技术要求

奶皮子产品质量技术要求主要从原料乳要求、感官要求、理化指标、污染物限量、真菌毒素限量、微生物限量等方面加以要求。

(1)原料要求。

生产加工奶皮子所用原料乳应符合生乳食品安全国家标准(GB 19301)的规定,即色泽呈乳白色或微黄色;具有乳固有的香味,无异味;组织状态呈均匀一致液体,无凝块,无沉淀,无正常视力可见的异物;冰点在-0.500~-0.560℃;相对密度≥1.027(20℃/4℃);蛋白质≥2.8 g/100 g;脂肪≥3.1 g/100 g;非脂乳固体≥8.1 g/100 g;杂质度≤4.0 mg/kg;滴定酸度在 12~18°T;菌落总数≤$2×10^6$ CFU/g(mL)。污染物限量、真菌毒素限量、农药残留量、兽药残留量应符合国家有关规定和公告。

(2)感官要求。

通过感官对奶皮子产品的要求应为:色泽呈微黄、夹白;滋味和气味:具有奶香和脂香,口感酥滑,无异味;组织状态:形态基本完整,表面呈蜂窝状,软硬适度,无正常视力可见的外来异物和霉斑。

(3)理化指标。

奶皮子理化指标应为:水分≤40.0%、脂肪≥50.0%。

(4)污染物限量。

污染物限量应符合 GB 2762 的规定,即铅在乳及乳制品中限量为铅≤0.05 mg/kg。

(5)真菌毒素限量。

真菌毒素限量应符合 GB 2761 的规定,即黄曲霉毒素 M_1 在乳及乳制品中应≤0.5 μg/kg。

(6)微生物限量。

奶皮子产品微生物检测包括菌落总数、大肠菌群、金黄色葡萄球菌、沙门氏菌、霉菌。菌落总数5个样中,2个或小于2个样品在 10000~100000 CFU/g 为合格;大肠菌群5个样中,2个或小于2个样品在 10~100 CFU/g 为合格;金黄色葡萄球菌5个样中,1个或小于1个样品在 10~100 CFU/g 为合格;沙门氏菌不得检出;霉菌应≤90 CFU/g。

4. 其他

水分含量大于 10.0% 的产品应在冷冻条件下贮存、销售;水分含量≤10.0% 的产品可在阴凉、干燥处贮存、销售。

5. 说明

奶皮子是利用乳中脂肪与乳之间的密度差使脂肪上浮,将脂肪与脱脂乳分离后并成型即为奶皮子。奶皮子主要成分为脂肪,所以产品理化指标参数设定主要指标为脂肪,经过检测最终确定了脂肪的下限值。

六、嚼克

1. 标准代号及适用范围

《食品安全地方标准 蒙古族传统乳制品 嚼克》(DBS15/ 012—2019)是

内蒙古自治区食品安全地方标准。本标准适用于在内蒙古自治区范围内生产加工的地方特色乳制品嚼克。

2. 嚼克生产工艺要求

以生牛乳为原料,经过自然发酵或接种发酵,将上浮的脂肪分离后装入过滤网中,进一步脱乳清液、发酵、灌装即为嚼克。

3. 嚼克产品质量技术要求

嚼克产品质量技术要求主要从原料乳要求、感官要求、理化指标、污染物限量、真菌毒素限量、微生物限量等方面加以要求。

(1) 原料乳要求。

生产加工嚼克所用原料乳应符合生乳食品安全国家标准(GB 19301)的规定,即色泽呈乳白色或微黄色;具有乳固有的香味,无异味;组织状态呈均匀一致液体,无凝块,无沉淀,无正常视力可见的异物;冰点在-0.500~-0.560℃;相对密度≥1.027(20℃/4℃);蛋白质≥2.8 g/100 g;脂肪≥3.1 g/100 g;非脂乳固体≥8.1 g/100 g;杂质度≤4.0 mg/kg;滴定酸度在12~18°T;菌落总数≤2×10^6 CFU/g(mL)。污染物限量、真菌毒素限量、农药残留量、兽药残留量应符合国家有关规定和公告。发酵菌种应为国务院卫生行政部门批准的可食用菌种。

(2) 感官要求。

通过感官对嚼克产品的要求应为:色泽呈乳白色或微黄色;滋味和气味:具有乳香味、微酸,无异味;组织状态:质地均匀,组织细腻,无正常视力可见的外来异物和霉斑。

(3) 理化指标。

嚼克理化指标应为:脂肪 ≥30.0%;酸度 ≥70.0°T(滴定酸度)。

(4) 污染物限量。

污染物限量应符合 GB 2762 的规定,即铅在乳及乳制品中限量为铅≤0.05 mg/kg。

(5) 真菌毒素限量。

真菌毒素限量应符合 GB 2761 的规定,即黄曲霉毒素 M_1 在乳及乳制品中应≤0.5 μg/kg。

(6) 微生物限量。

嚼克产品微生物检测包括大肠菌群、金黄色葡萄球菌、沙门氏菌、霉菌、乳酸菌数。大肠菌群5个样中,2个或小于2个样品在100~1000 CFU/g 为合格;金黄色葡萄球菌5个样中,2个或小于2个样品在100~1000 CFU/g 为合格;沙门氏菌不得检出;霉菌应≤90 CFU/g;乳酸菌数≥$1×10^6$ CFU/g。

4. 其他

产品应在冷藏条件下贮存、销售。

5. 说明

嚼克是利用乳中脂肪与乳之间的密度差使脂肪上浮,经发酵而得到的产品,嚼克主要成分为脂肪,同时经过发酵含有大量的活性乳酸菌,所以产品理化指标参数设定主要指标为脂肪,经过检测最终确定了脂肪的下限值。同时应嚼克产品是经过发酵的产品,将乳酸菌数、酸度做为衡量指标。

七、策格(酸马奶)

1. 标准代号及适用范围

《食品安全地方标准　蒙古族传统乳制品　策格(酸马奶)》(DBS15/013—2019)是内蒙古自治区食品安全地方标准。本标准适用于在内蒙古自治区范围内生产加工的地方特色乳制品策格(酸马奶)。

2. 酸马奶生产工艺要求

以生马乳为原料,经发酵并不断的捣搅,制成pH值降低的液体产品即为酸马奶。

3. 酸马奶产品质量技术要求

酸马奶产品质量技术要求主要从原料乳要求、感官要求、理化指标、污染物限量、真菌毒素限量、微生物限量等方面加以要求。

(1)原料乳要求。

生产加工酸马奶所用原料乳应符合生马乳食品安全国地方标准(DBS15/011)的规定,即色泽呈乳白色;具有马乳固有的香味,无异味;组织状态呈均匀一致液体,无凝块,无沉淀,无正常视力可见的异物;相对密度≥1.030;蛋白质≥1.6 g/100 g;脂肪≥0.65 g/100 g;非脂乳固体≥7.8 g/100 g;乳糖≥6.0 g/100 g;杂质度≤1.0 mg/kg;滴定酸度≤18°T;菌落总数≤$1×10^6$ CFU/g(mL)。污染物限量、真菌毒素限量、农药残留量、兽药残留量应符合国家有关规定和公告。

(2)感官要求。

通过感官对酸马奶产品的要求应为:色泽呈乳白色或淡青色;滋味和气味:具有酸马奶固有的香味、微酸,无异味;组织状态:呈液体,允许有絮状或颗粒状沉淀,无正常视力可见的外来异物和霉斑。

(3)理化指标。

酸马奶理化指标应为:蛋白质≥1.6 g/100 g;脂肪≥0.6g/100 g;酸度≥85.0°T(滴定酸度);酒精度在0.5%~2.5%。

(4)污染物限量。

污染物限量应符合GB 2762的规定,即铅在乳及乳制品中限量为铅≤0.05 mg/kg。

(5)真菌毒素限量。

真菌毒素限量应符合GB 2761的规定,即黄曲霉毒素M_1在乳及乳制品中应≤0.5 μg/kg。

(6)微生物限量。

酸马奶产品微生物检测包括:金黄色葡萄球菌、沙门氏菌、霉菌、乳酸菌数、酵母菌数。金黄色葡萄球菌不得检出;沙门氏菌不得检出;霉菌应≤30 CFU/g;乳酸菌数≥$1×10^6$ CFU/g;酵母菌数≥$1×10^4$ CFU/g。

4. 其他

产品应在冷藏条件下贮存、销售;产品标签应以"%vol"为单位标示酒精度。

5. 说明

酸马奶是马乳经发酵而得到的含酒精产品,同时经过发酵含有大量的活性乳酸菌经及酵母菌,所以将乳酸菌数、酵母菌、酸度、酒精度作为主要衡量指标。

八、希日陶苏(蒙古黄油)

1. 标准代号及适用范围

《团体标准 蒙古族传统奶制品 希日陶苏(蒙古黄油)》(T/XLTDA 001—2021)是锡林郭勒盟传统乳制品协会团体标准。在内蒙古自治区范围内生产加工的地方特色乳制品希日陶苏(蒙古黄油)可以参照该标准。

2. 黄油生产工艺要求

以乳为原料,分离出的含脂肪部分经发酵、加工制成脂肪含量不小于98.1%的产品。

3. 黄油产品质量技术要求

黄油产品质量技术要求主要从原料乳要求、感官要求、理化指标、污染物限量、真菌毒素限量、微生物限量等方面加以要求。

(1)原料乳要求。

生产加工黄油所用原料乳应符合生乳食品安全国家标准(GB 19301)的规

定,即色泽呈乳白色或微黄色;具有乳固有的香味,无异味;组织状态呈均匀一致液体,无凝块,无沉淀,无正常视力可见的异物;冰点在 $-0.500 \sim -0.560$ ℃;相对密度 $\geqslant 1.027$ (20 ℃ $/4$ ℃);蛋白质 $\geqslant 2.8$ g/100 g;脂肪 $\geqslant 3.1$ g/100 g;非脂乳固体 $\geqslant 8.1$ g/100 g;杂质度 $\leqslant 4.0$ mg/kg;滴定酸度在 $12 \sim 18$°T;菌落总数 $\leqslant 2 \times 10^6$ CFU/g(mL)。污染物限量、真菌毒素限量、农药残留量、兽药残留量应符合国家有关规定和公告。

(2)感官要求。

通过感官对黄油产品的要求应为:色泽呈均匀一致的乳黄色;滋味和气味:具有黄油应有的滋味和气味,无异味;组织状态:均匀一致,无正常视力可见异物。

(3)理化指标。

黄油理化指标应为:非脂乳固体 $\leqslant 1.4$ g/100 g、脂肪 $\geqslant 98.1\%$;水分 $\leqslant 0.5\%$。

(4)污染物限量。

污染物限量应符合 GB 2762 的规定,即铅在乳及乳制品中限量为铅 $\leqslant 0.05$ mg/kg。

(5)真菌毒素限量。

真菌毒素限量应符合 GB 2761 的规定,即黄曲霉毒素 M_1 在乳及乳制品中应 $\leqslant 0.5$ μg/kg。

(6)微生物限量。

黄油产品微生物检测包括大肠菌群、金黄色葡萄球菌、沙门氏菌、霉菌。大肠菌群 5 个样中,2 个或小于 2 个样品在 $10 \sim 100$ CFU/g 为合格;金黄色葡萄球菌 5 个样中,1 个或小于 1 个样品在 $10 \sim 100$ CFU/g 为合格;沙门氏菌不得检出;霉菌应 $\leqslant 90$ CFU/g。

4. 其他

产品应在冷藏或冷冻条件下贮存、销售。

5. 说明

黄油是将乳分离得到的脂肪经加热熬制而得到含脂率较高的传统乳制品,主要成分为脂肪,所以产品理化指标参数设定主要指标为脂肪,经过检测最终确定了脂肪的下限值。

参考文献

[1] 朱建军,肖芳,雅梅. 内蒙古蒙古族传统奶脂类产品的加工及营养分析[J]. 农产品加工,2017(6):63-65.

[2] 白清元."四大行动"助推特色优势产业高质量发展[N]. 质量论坛,2020.

[3] 肖芳. 内蒙古锡盟地区传统奶皮子和奶豆腐的营养分析[J]. 中国乳品工业,2013,41(11):27-28.

[4] 朱春红,赵树平,胡立新. 蒙古族传统乳制品研究[J]. 农产品加工(学刊),2008(10):28-30.

[5] 赵红霞,李应彪. 内蒙古民族乳制品的概述[J]. 中国食品与营养,2007(10):49-50.

[6] 雅梅,哈斯其木格,陈永福,等. 内蒙古传统乳制品产业发展现状调研报告[J]. 中国乳品工业,2016,44(7):28-30.

[7] 董杰,张和平. 中国传统发酵乳制品发展脉络分析[J]. 中国乳品工业,2014,42(11):26-30.

[8] 张红梅,哈斯其木格,肖芳,等. 对内蒙古传统乳制品奶豆腐地方标准适用范围探析[J]. 中国乳品工业,2016,44(9):47-48.

[9] 赵红霞. 蒙古族奶皮子和奶豆腐加工工艺及贮藏特性的研究[D]. 石河子:石河子大学,2008.

[10] 王晓宇. 蒙古族传统奶豆腐工业化生产关键技术研究[D]. 呼和浩特:内蒙古农业大学,2017.

[11] 肖芳. 内蒙古锡盟地区传统手工奶豆腐的加工工艺及其营养分析[J]. 中国乳品工业,2011,39(8):28-29.

[12] 霍文莉. 内蒙古锡盟不同地区传统奶油制品脂肪酸组成的比较研究[D]. 呼和浩特:内蒙古农业大学,2014.

[13] 孙剑锋,王颉. 黄油的加工方法及其物理性质和营养成分[J]. 中国食物与营养,2011,17(11):33-35.

[14] 徐伟良,李春冬,多拉娜,等. 蒙古族奶嚼口与下层凝乳中乳酸菌的筛选

和比较研究[J]. 中国酿造, 2020, 39(5):60-64.

[15] 中华人民共和国国家卫生和计划生育委员会, 国家食品药品监督管理总局. GB 5009.239—2016 食品安全国家标准 食品中酸度的测定[S]. 北京:中国标准出版社,2016.

[16] 中华人民共和国国家卫生和计划生育委员会, 国家食品药品监督管理总局. GB 5009.3—2016 食品安全国家标准 食品中水分的测定[S]. 北京:中国标准出版社,2016.

[17] 中华人民共和国国家卫生和计划生育委员会, 国家食品药品监督管理总局. GB 5009.5—2016 食品安全国家标准 食品中蛋白质的测定(第一法)[S]. 北京:中国标准出版社,2016.

[18] 中华人民共和国国家卫生和计划生育委员会, 国家食品药品监督管理总局. GB 5009.6—2016 食品安全国家标准 食品中脂肪的测定(第三法)[S]. 北京:中国标准出版社,2016.

[19] 中华人民共和国卫生部. GB 5413.39—2010 食品安全国家标准 乳和乳制品中非脂乳固体的测定[S]. 北京:中国标准出版社,2010.

[20] 中华人民共和国国家卫生和计划生育委员会, 国家食品药品监督管理总局. GB 5413.30—2016 食品安全国家标准 乳和乳制品杂质度的测定[S]. 北京:中国标准出版社,2016.

[21] 中华人民共和国国家卫生和计划生育委员会, 国家食品药品监督管理总局. GB 5009.2—2016 食品安全国家标准 食品相对密度的测定[S]. 北京:中国标准出版社,2016.

[22] 中华人民共和国国家卫生和计划生育委员会, 国家食品药品监督管理总局. GB 4789.2—2016 食品安全国家标准 食品微生物学检验 菌落总数测定[S]. 北京:中国标准出版社,2016.

[23] 中华人民共和国国家卫生和计划生育委员会, 国家食品药品监督管理总局. GB 4789.3—2016 食品安全国家标准 食品微生物学检验 大肠菌群计数[S]. 北京:中国标准出版社,2016.

[24] 中华人民共和国国家卫生和计划生育委员会, 国家食品药品监督管理总局. GB 4789.4—2016 食品安全国家标准 食品微生物学检验 沙门氏菌检验[S]. 北京:中国标准出版社,2016.

[25] 中华人民共和国国家卫生和计划生育委员会. GB 4789.15—2016 食品安全国家标准 食品微生物学检验 霉菌和酵母计数[S]. 北京:中国标准

出版社,2016.

[26] 中华人民共和国国家卫生和计划生育委员会,国家食品药品监督管理总局. GB 4789.35—2016 食品安全国家标准 食品微生物学检验 乳酸菌检验[S]. 北京:中国标准出版社,2016.

[27] 陈历俊,薛璐. 中国传统乳制品加工与质量控制[M]. 北京:中国轻工业出版社,2008.

[28] 武建新. 乳制品生产技术[M]. 北京:中国轻工业出版社,2000.

[29] 江汉湖. 食品安全性与质量控制[M]. 北京:中国轻工业出版社,2002.

[30] 朱丹丹. 乳品加工技术[M]. 北京:中国农业大学出版社,2013.

[31] 葛亮,孙来华. 乳制品生产实训技术指导手册[M]. 北京:化学工业出版社,2011.

[32] 莎日娜. 蒙古族饮食文化[M]. 呼和浩特:内蒙古人民出版社,2014.

[33] 汤高奇,石明生. 食品安全质量控制[M]. 北京:中国农业大学出版社,2013.

[34] 芒来,布仁巴雅尔,杨永平. 策格——草原珍品[M]. 呼和浩特:内蒙古人民出版社,2013.

[35] 侯建平,雒亚洲,武建新. 乳品机械与设备[M]. 北京:科学出版社,2010.

[36] 张和平,张佳程. 乳品工艺学[M]. 北京:中国轻工业出版社,2007.

[37] 姜旭德,任丽哲. 乳品工艺技术[M]. 北京:中国轻工业出版社,2013.

[38] GUO L,XU WL,LI CD,et al. Comparative study of physicochemical composition and microbial community of Khoormog, Chigee, and Airag, traditionally fermented dairy products from Xilin Gol in China[J]. Food Science & Nutrition, 2021, 9 (1):1-10.

[39] WATANABE K,FUJIMOTO J,SASAMOTOM,et al. Diversity of lactic acid bacteria and yeasts in Airag and Tarag,traditional fermented milk products of Mongolia [J]. World Journalof Microbiology and Biotechnology, 2008, 24 (8):1313-1325.

[40] GUO L, YA M, GUO YS, et al. Study of bacterial and fungal community structures in traditional koumiss from Inner Mongolia[J]. Journal of Dairy Science, 2019, 102(3):1972-1984.

[41] 中华人民共和国卫生部. GB 19301—2010 食品安全国家标准 生乳[S]. 北京:中国标准出版社,2010.

[42] 内蒙古自治区卫生和计划生育委员会. DBS15/ 001.2—2016 食品安全地方标准蒙古族传统乳制品第 2 部分:奶皮子[S].

[43] 内蒙古自治区卫生和计划生育委员会. DBS15/ 001.3—2017 食品安全地方标准蒙古族传统乳制品第 3 部分:奶豆腐[S].

[44] 内蒙古自治区卫生和计划生育委员会. DBS15/ 005—2017 食品安全地方标准蒙古族传统乳制品毕希拉格[S].

[45] 内蒙古自治区卫生和计划生育委员会. DBS15/ 006—2016 食品安全地方标准蒙古族传统乳制品酸酪蛋[S].

[46] 内蒙古自治区卫生和计划生育委员会. DBS15/ 007—2016 食品安全地方标准蒙古族传统乳制品楚拉[S].

[47] 内蒙古自治区卫生健康委员会. DBS15/ 011—2019 食品安全地方标准生马乳[S].

[48] 内蒙古自治区卫生健康委员会. DBS15/ 012—2019 食品安全地方标准蒙古族传统乳制品 嚼克[S].

[49] 内蒙古自治区卫生健康委员会. DBS15/ 013—2019 食品安全地方标准蒙古族传统乳制品 策格(酸马奶)[S].

[50] 内蒙古自治区市场监督管理局. DBS15/ T 1984—2020 蒙古族传统奶制品浩乳德(奶豆腐)生产工艺规范[S].

[51] 内蒙古自治区市场监督管理局. DB15/T 1985—2020 蒙古族传统奶制品毕希拉格生产工艺规范[S].

[52] 内蒙古自治区市场监督管理局. DB15/T 1986—2020 蒙古族传统奶制品楚拉生产工艺规范[S].

[53] 内蒙古自治区市场监督管理局. DB15/T 1987—2020 蒙古族传统奶制品阿尔沁浩乳德(酸酪蛋)生产工艺规范[S].

[54] 内蒙古自治区市场监督管理局. DB15/T 1988—2020 蒙古族传统奶制品嚼克生产工艺规范[S].

[55] 内蒙古自治区市场监督管理局. DB15/T 1989—2020 蒙古族传统奶制品乌乳穆(奶皮子)生产工艺规范[S].

[56] 内蒙古自治区市场监督管理局. DB15/T 1990—2020 蒙古族传统奶制品策格(酸马奶)生产工艺规范[S].

附　录

附录1　生乳制民族传统奶制品生产许可审查细则(2020版)

一、适用范围

本审查细则适用于内蒙古自治区食品生产企业申请使用以生鲜乳(牛乳、羊乳、马乳、骆驼乳)为原料,不加入食品添加剂、营养强化剂及其他辅料,使用符合法律法规及标准规定所要求的条件,经过传统工艺加工制作的具有内蒙古自治区民族特色的奶制品生产条件的审查。

生乳制民族传统奶制品的申证食品类别为:乳制品。类别编号为:0503;类别名称为:其他乳制品;品种明细为:特色乳制品[生乳制民族传统奶制品包括:奶豆腐、奶皮子、嚼克、楚拉、毕希拉格、酸酪蛋(奶干)、黄油、酸奶子等]。生乳制民族传统奶制品生产许可申证类别、类别名称、品种明细及执行标准等见表1。

表1　生乳制民族传统奶制品生产许可申证类别等目录列表

申证类别	类别名称	品种明细	定义或基本制作工艺	执行标准[a]	备注
乳制品	其他乳制品	奶豆腐	奶豆腐是以生牛乳为原料,经发酵、部分脱脂、加热、排乳清、热烫揉和、成型等工艺制成的传统乳制品;干奶豆腐以生牛乳为原料,经发酵、部分脱脂、加热、排乳清、热烫揉和、成型、干燥等工艺制成的传统乳制品	《食品安全地方标准　蒙古族传统乳制品　第3部分:奶豆腐》(DBS15/ 001.3)	使用羊、马、驼乳为原料的参照相应标准执行
		奶皮子	以生牛乳为原料,经加热、翻扬起泡沫、保温、冷却、成型、干燥或不干燥等工艺制成的传统乳制品	《食品安全地方标准　蒙古族传统乳制品　第2部分:奶皮子》(DBS15/ 001.2)	

续表

申证类别	类别名称	品种明细	定义或基本制作工艺	执行标准[a]	备注
乳制品	其他乳制品	嚼克	以生牛乳为原料,经发酵、取乳脂、脱乳清、灌装等工艺制成的传统乳制品	《食品安全国家标准 稀奶油、奶油和无水奶油》(GB 19646)	使用羊、马、驼乳为原料的参照相应标准执行
		楚拉	以生牛乳为原料,经发酵、部分脱脂、加热、排乳清、成型、干燥等工艺制成的蒙古族传统乳制品	《食品安全地方标准 蒙古族传统乳制品 楚拉》(DBS15/ 007)	
		毕希拉格	慢酸法毕希拉格以生牛乳为原料,经加热、部分脱脂、发酵、二次加热、排乳清、成型、干燥或不干燥等工艺制成的传统乳制品。快酸法毕希拉格以生牛乳为原料,经加热、部分脱脂或不脱脂、与已凝酸乳混合凝乳、排乳清、成型、干燥或不干燥等工艺制成的传统乳制品	《食品安全地方标准 蒙古族传统乳制品 毕希拉格》(DBS15/ 005)	
		酸酪蛋(奶干)	酸酪蛋是以生牛乳为原料,经煮沸、脱脂、发酵、熬制、排乳清、成型、干燥等工艺制成的传统乳制品	《食品安全地方标准 蒙古族传统乳制品 酸酪蛋(奶干)》(DBS15/ 006)	
		黄油	将生鲜乳过滤后置入容器静放一段时间后(发酵、不发酵均可),捞出上层半固态的奶皮(也称奶嚼口、白油)置入锅中缓慢加热并搅拌,开锅后将上层的滤出即为黄油。不添加其他原料、食品添加剂、营养强化剂等	《食品安全国家标准 稀奶油、奶油和无水奶油》(GB 19646)	也可用白油、鲜奶皮子等为原料制作

续表

申证类别	类别名称	品种明细	定义或基本制作工艺	执行标准[a]	备注
乳制品	其他乳制品	酸奶子	将生鲜乳过滤后或制作奶豆腐剩余的乳清加热后阴凉发酵，分离出上层液体，在适宜的温度下进一步发酵所得的具有酸味的半固体奶食品。不添加其他原料、食品添加剂、营养强化剂等	《食品安全国家标准 发酵乳》（GB 19302）	也可用白油、鲜奶皮子等为原料制作

注 a 企业可制定严于食品安全国家标准的企业标准，在本企业使用，并报省、自治区、直辖市人民政府卫生行政部门备案

不应以分装方式生产生乳制民族传统奶制品，仅有包装场地、工序、设备，不是完整的生产条件，不予生产许可审查。

本细则中引用的文件、标准通过引用成为本细则的内容。凡是注日期的引用文件、标准，其随后所有的修改单（不包括勘误的部分）或修订版均不适用于本细则。凡是不注日期的引用文件、标准，其最新版本（包括所有的修改单）适用于本细则。

二、生产许可条件审查

(一) 食品安全管理

1. 基本管理要求

（1）企业应当按照有关卫生规范和良好生产规范的要求建立与所生产食品相适应的食品安全管理体系，定期对该体系的运行情况进行自查，保证其有效运行，并形成自查报告。

（2）企业主要负责人应当组织落实食品安全管理制度，对本企业的食品安全工作全面负责。

（3）企业应配备足够的食品安全管理人员，确保食品原料、生产条件、产品符合食品安全国家及地方标准、企业标准和国家相关法律法规的要求。食品安全管理负责人应承担原辅料进厂查验和成品出厂验收等责任。

2. 食品安全风险管理

（1）应建立食品安全风险管理和自查制度，对食品安全风险实施控制，并定期对食品安全状况进行检查评价。

（2）主动收集国家发布的食品安全风险监测和评估信息，研究评估生产过程中存在的风险因素，采取有效措施，防范风险，建立风险收集记录。

3. 不合格品管理

制定原辅料、半成品和成品的不合格品管理制度，并有相关处理办法，对不合格品的处理应当经企业主要负责人批准，并保留处理过程记录。

4. 产品追溯与召回

（1）企业应当建立食品安全追溯体系，产品从原材料采购、生产加工、出厂检验到出厂销售都应有记录，保障各个环节可有效追溯。

（2）企业应当建立不安全食品召回制度，对召回的食品采取补救、无害化处理、销毁等措施，记录召回和处理情况，并应当向所在地县级人民政府市场监督管理部门报告。

（3）企业应当建立消费者投诉处理制度。对消费者提出的意见、投诉等，企业相关管理部门应作记录，并查找原因，妥善处理。

5. 质量文件管理

（1）建立文件管理制度，企业食品安全管理机构或食品安全管理负责人应对食品安全文件的有效性负责，文件的起草、修订、审核、批准应由相关人员签名，并注明日期。

（2）建立记录管理制度，记录内容应完整、真实，所有记录（包括电子文档）保存时间不得少于产品保质期满后6个月；记录的任何更改都应当标注姓名和日期，并使原有信息仍清晰可查。记录至少包括表2所列的内容。

表2 生乳制民族传统奶制品生产企业记录清单

序号	记录名称	记录应包括但不限于以下内容
1	食品安全管理体系自查记录	自查时间、范围、内容、发现问题、处置意见等
2	食品安全状况定期检查记录	各项风险管控措施执行情况、风险点管控状况评价、自查部位、人员等基本信息
3	风险收集记录	风险信息来源、风险指标、风险评估过程、评估结果、风险应对措施

续表

序号	记录名称	记录应包括但不限于以下内容
4	不合格品处理记录	食品原料、食品相关产品、半成品和成品的名称、规格、生产日期、数量、不合格情况、处理情况
5	销售记录	产品的名称、规格、数量、生产日期、生产批号、购货者名称及联系方式、检验合格单、销售日期
6	产品召回及处理记录	食品名称、规格、批次、数量、召回原因、召回产品处理情况、处理时间、处理地点、后续整改方案、向主管行政部门汇报情况、主管行政部门监督处理情况
7	客户投诉处理记录	客户姓名、联系方式、投诉产品名称、规格、生产日期、批号、投诉事项、处理情况
8	食品安全事故处置记录	发生时间、地点、事故原因、相应产品名称、规格、批号、数量、处理情况
9	人员培训考核记录	培训组织部门、培训对象、培训内容、时间、地点、考核结果
10	人员健康管理记录	人员姓名、健康检查时间、项目、评价
11	生产场所清洁记录	区域名称、清洁时间、清洁负责人、清洁评价、清洗结果
12	除虫灭害记录	除虫灭害日期、范围、除虫灭害方式、药剂名称及用量、杀虫效果评价、药剂残留验证
13	设备设施清洗记录	清洗剂及消毒剂名称和用量、清洗验证结果
14	设备设施维修保养记录	设备名称、维修保养内容、时间、负责人
15	停复产记录及复产时设备设施安全控制记录	停复产原因、时间、涉及设备、涉及产品、处理办法
16	生产投料记录	原料名称、批号、使用数量、投料人、投料时间、复核人
17	关键控制点的控制记录	产品名称、关键控制点名称、时间、关键控制项目。包括必要的半成品检验记录、工艺参数控制记录、杀菌温度和时间记录等

续表

序号	记录名称	记录应包括但不限于以下内容
18	车间洁净度控制记录	车间名称、控制项目、依据、检测仪器名称及型号、洁净区等级要求、检测状态、检测结果、检测结论
19	进货台账及查验记录	食品原料、食品相关产品的名称、规格、供货者名称及联系方式、进货日期、进货量、查验结论
20	清洁消毒剂使用记录	清洁剂和消毒剂名称、用途、领用人、领用时间、领用量、使用量
21	包装材料使用记录	包装材料名称、规格、领用人、领用时间、领用量、使用量
22	库房保管记录	名称、规格、批号、数量、入库日期、状态、入库量、出库量、库存量、负责人、库房温湿度
23	检验设备使用记录	名称、型号、状态、使用时间、使用人
24	原料检验记录	原料名称、规格、批号、数量、来料日期、检测项目、检测方法、标准要求、检验结论
25	出厂检验记录	食品的名称、规格、入库数量、抽样数量、生产日期、生产批号、执行标准、检验结论、检验人员、检验合格证号或检验报告编号、检验日期
26	产品检验留样记录	产品名称、规格、留样数量、生产日期、生产批号、留样日期
27	产品出厂放行记录	产品名称、规格、数量、生产日期、生产批号、检验合格证号或检验报告编号、批准人、放行日期
28	食品安全自查改进记录	存在问题、改进措施、改进时间、责任人、改进结果、结果评估、食品安全管理负责人签字

6. 食品安全自查

(1)定期开展食品安全自查或委托第三方机构进行食品安全保障能力评价制度,自查或评价应有报告。

(2)制定食品安全问题改进制度。确保自查、外查、监督检查发现的如采购的不合格原辅材料、加工中发现的风险因素、出厂检验发现的不安全食品等问题得到有效控制并加以有效改正。

7. 食品安全事故处置

(1)制定食品安全事故处置方案,对本企业的食品安全事故进行调查、处置,定期检查企业各项食品安全防范措施的落实情况,开展食品安全事故处置演练,及时消除事故隐患。

(2)建立食品安全责任制和食品安全事故责任追究制度。

(二)机构与人员

1. 机构

企业应有管理食品安全的机构或配备食品安全管理人员,负责食品安全管理制度的建立、实施和持续改进。

2. 人员

企业应建立人员管理制度,与食品安全相关的岗位应设置岗位责任,企业各岗位人员的数量应与企业规模、工艺、设备水平相适应。

(1)企业负责人和食品安全管理负责人。

企业负责人和食品安全管理负责人,具有3年以上食品工作经历,掌握食品安全知识,知晓应承担的责任和义务。食品安全管理人员应经过企业的培训和考核,经考核不具备食品安全管理能力的和经监管部门抽查考核不合格的,不得上岗。

(2)检验人员。

应具有食品、化学或相关专业专科以上的学历,或者具有3年以上食品检测工作经历,经过专业培训,考核合格。

3. 培训与考核

企业应当建立培训与考核制度,制定培训计划,培训的内容应与岗位的要求相适应,并有相应记录。食品安全管理、检验等与食品安全相关岗位的人员应定期培训考核,不具备能力的不得上岗。

4. 人员健康管理

企业应建立食品加工人员健康管理制度,食品加工人员每年应当进行健康检查,取得健康证明后方可从事食品加工。建立人员健康检查记录,保证食品加工人员患有法律法规规定的有碍食品安全的疾病时,应调整到其他不影响食品安全的工作岗位。

(三)生产场所、环境及厂房设施

按照食品生产许可审查通则的要求,对照企业提交的申请材料,应核查以下要求。

1. 生产场所、环境

企业厂房选址和设计、内部建筑结构、辅助生产设施应当符合要求。应与污染源保持安全距离,防止环境污染。不得在城镇居民区、养殖区等场所建厂生产奶制品。有条件的地区,鼓励企业在政府统一规划的食品生产园区进行生产。

2. 车间布局

(1)有与企业生产能力相适应的生产车间和辅助设施。生产车间一般包括收奶车间、原料预处理车间、加工车间、半成品贮存及成品包装车间等。辅助设施包括检验室、原材料仓库、成品仓库等。

(2)生产车间和辅助设施的设置应按生产流程需要及卫生要求,有序而合理布局。同时,应根据生产流程、生产操作需要和生产操作区域清洁度的要求进行隔离,防止相互污染。车间内应区分清洁作业区、准清洁作业区和一般作业区,生乳制民族传统奶制品企业生产车间及清洁作业区具体划分见表3。

表3 生乳制民族传统奶制品企业生产车间及清洁作业区划分表

清洁作业区	准清洁作业区	一般作业区
裸露待包装的半成品车间(冷却、晾晒、成型)、包材消毒清洁车间、内包装车间等	原料预处理车间、加工车间、原辅料外包装清洁间等	收奶间、原料仓库、拆包间、包装材料仓库、外包装车间及成品仓库等

(3)清洁作业区应有空气杀菌、消毒净化处理设施。清洁作业区空气中的菌落总数应控制在30CFU/皿以下(按GB/T 18204.3 中的自然沉降法测定),并提交有资质的检验机构出具的空气洁净度检测报告。

清洁作业区内部隔断、地面应采用符合生产卫生要求的材料制作。清洁作业区的温度、相对湿度应与生产工艺相适应。清洁作业区应具备空气净化系统,并保持正压。企业的质量检验机构每星期均需对清洁区的空气质量进行监测。

(4)清洁作业区出入应有合理的限制和控制,进入清洁作业区的原辅料、包装材料等应有清洁措施,应设置原辅料外包装清洁间、包装材料消毒清洁间,清洁间进出两边的门应防止同时被开启,吹送的空气达到清洁作业区洁净度的要求。对于通过管道运输的原料或产品进入清洁作业区,需要设计和安装适当的空气过滤系统。

(5)生产车间地面应平整,易于清洗、消毒。

3. 个人卫生设施

(1)更衣室及洗手消毒室应设在车间入口处,洗手消毒室内应配置足够数量的非手动式洗手设施、消毒设施和感应式干手设施。

(2)清洁作业区的入口应设置二次更衣室。应设置阻拦式鞋柜、独立洁净服存放柜、洗手消毒设施等。

(3)应制定工作服的清洗保洁制度,生产中应注意保持工作服干净完好,必要时及时更换。清洁作业区及准清洁作业区使用的工作服和工作鞋不能在指定区域以外的地方穿着。

4. 排水系统

有合理的排水设施和废水处理设施,排水流向应由清洁程度要求高的区域流向清洁程度要求低的区域,排水系统入口应安装带水封的地漏,以防止固体废弃物进入及浊气逸出,并有防止废水逆流的设计。

5. 通风设施

在有臭味及气体(蒸汽或有害气体)或粉尘产生而有可能污染食品的区域,应有适当的排除、收集或控制装置。

通风口必须装有易清洗耐腐蚀网罩。有大量蒸汽、油气的加热工段,应采用足够能力排风设备,将蒸汽、油气排出车间。

6. 仓储设施

(1)应具有与所生产产品的数量、贮存要求相适应的仓储设施,并有通风和照明设施,必要时设有温、湿度控制设施,满足物料或产品的贮存条件(如温湿度、避光)和安全贮存的要求。

(2)接收、发放和发运区域应能保护物料、产品免受外界天气(如雨、雪)的影响,接收区的布局和设施应能够保证物料在进入仓储区前可对外包装进行必要的清洁。

(四)生产设备设施与生产工艺

应核查《食品生产许可证申请书》中申请人申报的食品生产主要设备、设施清单和企业拥有的生产设备数量、参数的适应程度。

1. 基本要求

(1)企业应具有与申证产品品种相适应的生产设备设施,生产设备的布局、安装和维护必须符合工艺需要,各个设备的设计产能应能相互匹配,其性能与精密度应符合生产要求,便于操作、清洁、维护和消毒或灭菌。

(2)不得使用国家禁止或明令淘汰的生产工艺和设备。

(3)与原料、半成品、成品直接或间接接触的所有设备与用具,应使用安全、无毒、无臭味或异味、耐磨损、防吸收、耐腐蚀且可承受反复清洗和消毒的材料制造,直接接触面的材质应符合食品相关产品的有关标准。

(4)主要的固定管道设施应标明内容物名称和流向。用于测定、控制、记录的监控设备,如压力表、温度计等,应定期校准、维护,确保准确有效。

(5)不合格、报废设备应搬出生产区,暂停使用的设备应有明显标志。

2. 生产设备

(1)生乳制民族传统奶制品生产企业应具备与《食品生产许可证申请书》中设计能力相适应的生产设备。

(2)所有接触生乳制奶制品的原料、过程产品、半成品的容器和工器具必须为不锈钢或其他无毒害的惰性材料制作,清洁作业区内不得使用竹、木质工具;准洁净区内使用的储奶罐、发酵罐不得使用非食品级的塑料容器。

(3)盛装废弃物的容器不得与盛装产品与原料的容器混用,应有明显标志。

(4)直接接触生产原材料的易损设备,如玻璃温度计,必须有安全护套。

(5)设备台账、说明书、履历、档案应保管齐全。

(6)设备维护保养完好,其性能与精度符合生产规程要求。设备维修计划、维修记录齐全。

3. 必备的生产设备

(1)奶豆腐。储奶设备、净乳设备、发酵设备、熬奶设备、成型设备、晾晒设备、包装设备。

(2)奶皮子。储奶设备、净乳设备、熬奶设备、翻扬设备、成型设备、包装设备。

(3)嚼克。储奶设备、净乳设备、发酵设备、提取乳脂设备、脱乳清设备、包装设备。

(4)楚拉。储奶设备、净乳设备、发酵设备、脱脂设备、加热设备、成型设备、干燥设备、包装设备。

(5)毕希拉格。储奶设备、净乳设备、加热设备、脱脂设备、发酵设备、成型设备、排乳清设备、干燥设备、包装设备。

(6)酸酪蛋(奶干)。储奶设备、净乳设备、加热设备、脱脂设备、发酵设备、排乳清设备、成型设备、干燥设备、包装设备。

(7)黄油。储奶设备、净乳设备、熬奶设备、提取设备、冷却设备、包装设备。

(8)酸奶子。储奶设备、净乳设备、发酵设备、分离设备、包装设备。

4. 必备的检验设备

所有适用于生乳制传统奶制品的相关标准(含企业标准)所规定的检验项

目,申请人申明自检或部分自检的,应具有相应的检验设备。

检验设备的数量应与企业生产能力相适应。应审查企业提交的检验设备与生产能力相适应的书面报告。

企业应自备经相关部门认定的快速检验设备,进行三聚氰胺项目的检验,一旦检验结果呈阳性时,应及时送有资质的检验机构使用食品安全国家标准检验方法进行确认。

5. 设备布局

设备的布局应当符合工艺、清洗的需要。

6. 基本工艺流程

(1)奶豆腐。

原料验收→过滤→发酵→部分脱脂→熬制搅拌→分离乳清→热烫揉和→压榨成型→晾晒→干燥(干奶豆腐)→包装(检验)→成品入库。

(2)奶皮子。

原料验收→过滤→加热沸腾→翻扬起泡→保温静置→冷却→分离成型→晾晒→包装(检验)→成品入库。

(3)嚼克。

原料验收→过滤→发酵→取乳脂→排乳清→灌装(检验)→成品入库。

(4)楚拉。

原料验收→过滤→发酵→部分脱脂→加热→排乳清→成型→干燥晾晒→包装(检验)→成品入库。

(5)毕希拉格。

慢酸法:原料验收→过滤→加热→部分脱脂→发酵→加热→排乳清→成型(干燥晾晒)→包装(检验)→成品入库。

快酸法:原料验收→过滤→加热→部分脱脂(或不脱脂)→凝乳→排乳清→成型(干燥晾晒)→包装(检验)→成品入库。

(6)酸酪蛋(奶干)。

原料验收→过滤→加热沸腾→脱脂→发酵→熬制→排乳清→成型→干燥晾晒→包装(检验)→成品入库。

(7)黄油。

原料验收→过滤→静置(发酵或不发酵均可)→分离→加热搅拌→分离→冷却→包装(检验)→成品入库。

(8)酸奶子。

原料验收→过滤→加热→发酵→分离→再发酵→包装(检验)→成品入库。企业调整产品工艺流程及设备时,应提交必要性和安全性报告。

(五)生产管理

1. 生产技术文件

(1)企业应建立工艺文件、操作规程等生产技术文件,技术文件与实际操作应保持一致性。

(2)生产工艺和操作规程应经验证,调整产品工艺流程及设备时,应进行必要性和安全性评估验证,保证产品质量安全符合要求。

(3)通过危害分析方法明确影响产品质量的关键工序或关键点,并实施质量控制,制定操作规程,关键工序或关键点可设为:原料验收、过滤、发酵、分离、成型等。

2. 生产过程管理

(1)按照《食品安全国家标准 食品生产通用卫生规范》(GB 14881),建立防止微生物污染、化学污染、物理污染的控制制度。

(2)应对生产过程的半成品进行过程监测,控制产品质量稳定性。

(3)生产前应检查设备是否处于正常状态,出现故障应及时排除并记录。维修后的设备应进行验证或确认,确保各项性能满足工艺要求。

(4)投料过程的物料称量与生产计划相一致,并由他人独立进行复核、记录和标识。投料前需根据投料单对物料进行核对,确保投料准确。原料生产及领用应建立相关记录,确保产品生产信息的可追溯。

(5)建立生产设备设施、工器具定期清洗消毒制度。要求所有设备和工器具必须定期清洗或消毒;接触湿物料的设备和工器具使用前、后应清洗,接触干物料的设备和工器具使用前、后应用干法清扫(必要时采用湿法清洗)。并有清洗记录。

(6)生产环境场所卫生清洁制度。清洁记录应有定期检测清洁作业区空气清洁度的记录。

(7)有生产过程关键控制点管理制度和记录,以及停产复产管理制度。

(8)清洁作业区的员工工作服应为连体式或一次性工作服,并配备帽子、口罩和工作鞋,要保持工作服使用前后相互分离。清洁作业区、一般作业区的员工工作服应符合相应区域卫生要求,并配备帽子和工作鞋。生产人员在未消毒和更换工作服前,不得进行加工、生产。

（9）已清洗与未清洗的生产用具不能共用同一储存区域,清洗后的用具应能尽快干燥并在适宜的环境下保存。

（10）企业的质量检验机构应依据《食品安全国家标准　食品生产通用卫生规范》(GB 14881)附录 A 中的监控指南,制定环境及过程产品的微生物监控程序。

（11）企业应定期对清洁作业区进行空气质量监测,每年应提供第三方检测报告。在工艺设备安装完毕或重大改造后应对清洁作业区的空气洁净度进行监测,符合要求后方可投入生产。

3. 产品防护

（1）建立产品防护管理制度,有效防止产品在生产加工中的污染、损坏或变质。

（2）制订设备故障、停电停水等特殊原因中断生产时的产品处置办法。当进行现场维修、维护及施工等工作时,应采取适当措施避免异物、异味、碎屑等污染食品。

（3）用于食品、清洁食品接触面或设备的压缩空气或其他气体应经过滤净化处理,以防止造成间接污染。用于生产设备的可能直接或间接接触食品的部件润滑油,应当是食用油脂或能保证食品安全要求的其他油脂。

（4）生产加工过程产生的废弃物应使用专用设施存放。

（六）生产物料及产品管理

1. 原辅料采购管理

（1）制定原辅料的采购管理制度,保证原辅料符合国家法律法规和标准要求,并经食品安全管理机构批准后方可采购。主要原辅料供应商应相对固定并签订食品安全协议,在协议中应明确双方所承担的安全责任。

（2）制定原辅料供应商审核制度和审核办法,对原辅料供应商的审核至少应包括:供应商的资质证明文件、质量标准、检验报告。

（3）采用自有原料生产的企业,原料生产应符合国家法律法规和标准要求,并将原料生产纳入企业食品安全管理体系确保原料安全。

2. 原辅料验收管理

（1）建立食品原料、食品相关产品验收规定及进货查验记录制度,明确接收或拒收的审批人员。

（2）原料的验收标准和检验方法应符合国家法律法规和标准的要求。对生产加工过程中无后续灭菌操作的原辅料,企业应制定相关标准,对微生物等指标进行监控。

(3)包装材料应清洁、无毒且符合国家相关标准及规定,包装材料不应影响食品的安全和产品特性,并不得重复使用。

(4)食品生产加工用水应符合 GB 5749《生活饮用水卫生标准》。

3. 产品管理

产品放行前应当有明确的待检标识,经检验合格后方可批准放行。

(1)产品检验合格出厂制度。记录应包括产品检验的原始记录或检验报告,并应保存不少于2年。

(2)出厂检验委托有资质的检验机构检验或部分委托检验的,应有委托检验制度。企业应留存全部检验报告。

(3)经检验不符合食品安全国家标准、地方标准及企业标准的不得出厂,并有相应的处置记录。

4. 仓储、运输管理

(1)应建立仓储、运输管理制度,不得将原辅料、产品与有毒有害物品一同贮存、运输。

(2)运输工具、车辆应定期检查卫生清洁情况,运输条件应符合物料的贮存要求(温度、湿度等)。原料进入储罐后应对运输工具、车辆进行必要的清洁。

(3)原料、半成品、成品、包装材料等应依据性质的不同分设贮存场所或分区域码放,并有明确标识,防止交叉污染。不合格、退货或召回的物料或产品应分区存放。

(4)清洁剂、消毒剂等应采用适宜的器具妥善保存,包装标识完整,应与原料、半成品、成品、包装材料等分隔放置。

(5)所有物料应规定适当的贮存期限,遵循"先进先出"或"近有效期先出"的原则制定物料的使用计划,定期检查质量和卫生情况,及时清理且不得使用变质或超过保质期的食品原辅料。

(6)物料的发放和使用应当有可追溯的清晰的发放记录,经收发双方核实并在相应的记录上签字确认。

(七)检验要求

(1)企业应具备满足原料、半成品、成品检验所需求的检验设备、设施和试剂,检验人员、检验设备应与生产能力相适应。

（2）建立检验设备管理制度，应有检验设备台账及设备使用记录，定期校准、维护检验设备和设施，保持检验设备的准确有效运行。

（3）建立检验管理制度，检验记录应真实、准确。产品出厂检验应依据食品安全标准和企业标准规定的所有检验项目进行检验。

（4）检验合格的产品应标注检验合格证号，检验合格证号可追溯到相应的出厂检验报告。

（5）企业可以使用快速检测方法及设备进行产品检验，但应保证数据准确，应定期与食品安全国家标准规定的检验方法进行比对或者验证，当检验结果呈阳性或可疑时，应使用食品安全国家标准规定的检验方法进行确认。企业应每年至少1次对出厂项目的检验能力进行验证。

（6）产品留样间应满足产品贮存条件要求，留样数量应满足复检要求并保存至保质期满，并有记录。

三、其他

企业申请生产生乳制民族传统奶制品，应按照所申请的品种明细进行试生产，并自行检验或送检，检验项目应分别包括 DBS15/ 001.3《食品安全地方标准　蒙古族传统乳制品　第3部分：奶豆腐》、DBS15/ 001.2《食品安全地方标准　蒙古族传统乳制品　第2部分：奶皮子》、DBS15/ 005《食品安全地方标准　蒙古族传统乳制品 毕希拉格》、DBS15/ 006《食品安全地方标准　蒙古族传统乳制品　酸酪蛋（奶干）》、DBS15/ 007《食品安全地方标准　蒙古族传统乳制品 楚拉》、GB 19302《食品安全国家标准　发酵乳》、GB 19646《食品安全国家标准　稀奶油、奶油和无水奶油》等有关食品安全标准以及企业标准、法律法规及相关部门公告规定的全部项目，不得缺项、漏项。由企业提供检验合格报告，其真实性应由企业负责人予以承诺。生乳制民族传统奶制品生产企业应符合乳制品工业产业政策。其他内容见表4~表13。

表4　生乳制民族传统奶制品生产企业记录清单

序号	记录名称	记录应包括但不限于以下内容
1	食品安全管理体系自查记录	自查时间、范围、内容、发现问题、处置意见等
2	食品安全状况定期检查记录	各项风险管控措施执行情况、风险点管控状况评价、自查部位、人员等基本信息

续表

序号	记录名称	记录应包括但不限于以下内容
3	风险收集记录	风险信息来源、风险指标、风险评估过程、评估结果、风险应对措施
4	不合格品处理记录	食品原料、食品相关产品、半成品和成品的名称、规格、生产日期、数量、不合格情况、处理情况
5	销售记录	产品的名称、规格、数量、生产日期、生产批号、购货者名称及联系方式、检验合格单、销售日期
6	产品召回及处理记录	食品名称、规格、批次、数量、召回原因、召回产品处理情况、处理时间、处理地点、后续整改方案、向主管行政部门汇报情况、主管行政部门监督处理情况
7	客户投诉处理记录	客户姓名、联系方式、投诉产品名称、规格、生产日期、批号、投诉事项、处理情况
8	食品安全事故处置记录	发生时间、地点、事故原因、相应产品名称、规格、批号、数量、处理情况
9	人员培训考核记录	培训组织部门、培训对象、培训内容、时间、地点、考核结果
10	人员健康管理记录	人员姓名、健康检查时间、项目、评价
11	生产场所清洁记录	区域名称、清洁时间、清洁负责人、清洁评价、清洗结果
12	除虫灭害记录	除虫灭害日期、范围、除虫灭害方式、药剂名称及用量、杀虫效果评价、药剂残留验证
13	设备设施清洗记录	清洗剂及消毒剂名称和用量、清洗验证结果
14	设备设施维修保养记录	设备名称、维修保养内容、时间、负责人
15	停复产记录及复产时设备设施安全控制记录	停复产原因、时间、涉及设备、涉及产品、处理办法

续表

序号	记录名称	记录应包括但不限于以下内容
16	生产投料记录	原料名称、批号、使用数量、投料人、投料时间、复核人
17	关键控制点的控制记录	产品名称、关键控制点名称、时间、关键控制项目。包括必要的半成品检验记录、工艺参数控制记录、杀菌温度和时间记录等
18	车间洁净度控制记录	车间名称、控制项目、依据、检测仪器名称及型号、洁净区等级要求、检测状态、检测结果、检测结论
19	进货台账及查验记录	食品原料、食品相关产品的名称、规格、供货者名称及联系方式、进货日期、进货量、查验结论
20	清洁消毒剂使用记录	清洁剂和消毒剂名称、用途、领用人、领用时间、领用量、使用量
21	包装材料使用记录	包装材料名称、规格、领用人、领用时间、领用量、使用量
22	库房保管记录	名称、规格、批号、数量、入库日期、状态、入库量、出库量、库存量、负责人、库房温湿度
23	检验设备使用记录	名称、型号、状态、使用时间、使用人
24	原料检验记录	原料名称、规格、批号、数量、来料日期、检测项目、检测方法、标准要求、检验结论
25	出厂检验记录	食品的名称、规格、入库数量、抽样数量、生产日期、生产批号、执行标准、检验结论、检验人员、检验合格证号或检验报告编号、检验日期
26	产品检验留样记录	产品名称、规格、留样数量、生产日期、生产批号、留样日期
27	产品出厂放行记录	产品名称、规格、数量、生产日期、生产批号、检验合格证号或检验报告编号、批准人、放行日期
28	食品安全自查改进记录	存在问题、改进措施、改进时间、责任人、改进结果、结果评估、食品安全管理负责人签字

表5 生乳制民族传统奶制品奶豆腐规定的检测项目与方法

序号	检测项目	检测项目	方法标准	备注
1	感官要求	色泽:呈乳白色或浅黄色	取适量试样置于白色平盘中,在自然光线下观察色泽和组织形态,闻其气味,用温开水漱口后品尝其滋味	
2		滋味、气味:具有纯乳香味,无异味		
3		组织形态:质地均匀、组织细腻、外形完整、无肉眼可见外来杂质和霉斑		
4	理化指标	水分≤48.0%	GB 5009.3	
5		蛋白质≥30.0%	GB 5009.5	
6		灰分≤5.0%	GB 5009.4	
7		脂肪≥10.0%	GB 5413.3	
8	真菌霉素限量	黄曲霉毒素 M_1 ≤0.5 μg/kg*	GB 5009.24	
9	污染物限量	铅(以Pb计)≤0.3 mg/kg	GB 5009.12	
10	微生物限量	大肠菌群	GB 4789.3 平板计数法	采样方案及限量按DBS15/001.3要求
11		金黄色葡萄球菌*	GB 4789.10 平板计数法	
12		沙门氏菌*	GB 4789.4	
13		霉菌≤90 CFU/g	GB 4789.15	
14	标签	食品标签	GB 7718、GB 28050	应标注"民族特色乳制品"字样
15	其他	三聚氰胺≤2.5 mg/kg	GB/T 22388—2008	关于三聚氰胺在食品中的限量值的公告(2011年第10号)
16		其他*	相应方法标准	如果有

注 检验项目中注有"*"标记的企业可做委托检验,应当每月检验2次。

附 录

表6 生乳制民族传统奶制品奶皮子规定的检测项目与方法

序号	检测项目	检测项目	方法标准	备注
1	感官要求	色泽:微黄夹白	取2个包装单位的样品散放于白色平盘中,在自然光线下观察其色泽和组织形态,闻其气味,用温开水漱口后品尝其滋味	
2		滋味、气味:具有奶香和脂香,口感酥滑,无异味		
3		组织形态:形态基本完整,表面呈蜂窝状,软硬适度,无肉眼可见外来杂质和霉斑		
4	理化指标	水分≤40.0%	GB 5009.3	
5		脂肪≥50.0%	GB 5413.6	
6		蛋白质≥7.0%	GB 5009.24	
7	真菌霉素限量	黄曲霉毒素 M_1≤0.5 μg/kg*	GB 5413.37	
8	污染物限量	铅(以Pb计)≤0.3 mg/kg	GB 5009.12	
9	微生物限量	菌落总数	GB 4789.2	采样方案及限量按DBS15/001.2中的要求
10		大肠菌群	GB 4789.3 平板计数法	
11		金黄色葡萄球菌*	GB 4789.10 平板计数法	
12		沙门氏菌*	GB 4789.4	
13		霉菌≤90 CFU/g	GB 4789.15	
14	标签	食品标签	GB 7718、GB 28050	应标注"民族特色乳制品"字样
15	其他	三聚氰胺≤2.5 mg/kg	GB/T 22388—2008	关于三聚氰胺在食品中的限量值的公告(2011年第10号)
16		其他*	相应方法标准	如果有

注 检验项目中注有"*"标记的企业可做委托检验,应当每月检验2次。

表7 生乳制民族传统奶制品毕希拉格规定的检测项目与方法

序号	检测项目	检测项目	方法标准	备注
1	感官要求	色泽:呈浅褐色或黄褐色	取适量试样置于洁净白色瓷盘中,在自然光线下观察其色泽和组织形态,嗅其气味,用温开水漱口后品尝其滋味	
2		滋味、气味:具有浓郁乳香味,无异味		
3		组织形态:质地均匀,组织细腻,无正常视力可见的外来异物和霉斑		
4	理化指标	水分≤53.0%	GB 5009.3	
5		蛋白质≥26.0%	GB 5009.5	
6	真菌霉素限量	黄曲霉毒素 M_1 ≤ 0.5μg/kg*	GB 5009.24	
7	污染物限量	铅(以 Pb 计)≤ 0.3 mg/kg	GB 5009.12	
8	微生物限量	大肠菌群	GB 4789.3 平板计数法	采样方案及限量按 DBS15/007 中的要求
9		金黄色葡萄球菌*	GB 4789.10 平板计数法	
10		沙门氏菌*	GB 4789.4	
11		霉菌≤90 CFU/g	GB 4789.15	
12	标签	食品标签	GB 7718、GB 28050	应标注"民族特色乳制品"字样
13	其他	三聚氰胺≤2.5 mg/kg	GB/T 22388—2008	关于三聚氰胺在食品中的限量值的公告(2011 年第 10 号)
14		其他*	相应方法标准	如果有

注 检验项目中注有"*"标记的企业可做委托检验,应当每月检验2次。

表8 生乳制民族传统奶制品嚼克规定的检测项目与方法

序号	检测项目	检测项目	方法标准	备注
1	感官要求	色泽:呈乳白或乳黄色,色泽均匀	取适量试样置于白色洁净瓷盘中,在自然光线下观察其色泽、组织形态,嗅其气味,用温开水漱口后品尝其滋味	
2		滋味、气味:具有乳香和脂香,味酸,无异味		
3		组织形态:呈膏状,均匀一致,无正常视力可见的外来异物及霉斑		
4	理化指标	脂肪≥10.0%	GB 5413.3	
5		酸度≤30.0°T	GB 5413.34	
6	真菌霉素限量	黄曲霉毒素 M_1 ≤0.5 μg/kg*	GB 5413.37	
7	污染物限量	铅(以 Pb 计)≤0.3 mg/kg	GB 5009.12	
8	微生物限量	金黄色葡萄球菌*	GB 4789.10 平板计数法	按 GB 19646 的规定执行
9		沙门氏菌*	GB 4789.4	
10		霉菌≤50 CFU/g	GB 4789.15	
11		菌落总数	GB 4789.2	
12		大肠菌群	GB 4789.4	
13	标签	食品标签	GB 7718	应标注"民族特色乳制品"字样
14	其他	三聚氰胺≤2.5 mg/kg	GB/T 22388—2008	关于三聚氰胺在食品中的限量值的公告(2011 年第 10 号)
15		其他*	相应方法标准	如果有

注 检验项目中注有"*"标记的企业可做委托检验,应当每月检验 2 次。

表9 生乳制民族传统奶制品楚拉规定的检测项目与方法

序号	检测项目	检测项目	方法标准	备注
1	感官要求	色泽:呈乳白色或乳黄色,色泽均匀	取适量试样置于洁净白色瓷盘中,在自然光线下观察其色泽和组织形态,嗅其气味,用温开水漱口后品尝其滋味	
2		滋味、气味:具有乳香味,微酸,无异味		
3		组织形态:质地均匀,组织细腻,无正常视力可见的外来异物和霉斑		
4	理化指标	水分≤20.0%	GB 5009.3	
5		蛋白质≥40.0%	GB 5009.5	
6	真菌霉素限量	黄曲霉毒素 M_1 ≤ 0.5 μg/kg*	GB 5009.24	
7	污染物限量	铅（以 Pb 计）≤ 0.3 mg/kg	GB 5009.12	
8	微生物限量	大肠菌群	GB 4789.3 平板计数法	采样方案及限量按DBS15/007 中的要求
9		金黄色葡萄球菌*	GB 4789.10 平板计数法	
10		沙门氏菌*	GB 4789.4	
11		霉菌≤50 CFU/g	GB 4789.15	
12	标签	食品标签	GB 7718、GB 28050	应标注"民族特色乳制品"字样
13	其他	三聚氰胺≤2.5 mg/kg	GB/T 22388—2008	关于三聚氰胺在食品中的限量值的公告（2011 年第 10 号）
14		其他*	相应方法标准	如果有

注　检验项目中注有"*"标记的,企业可做委托检验,应当每月检验2次。

表 10　生乳制民族传统奶制品酸酪蛋(奶干)规定的检测项目与方法

序号	检测项目	检测项目	方法标准	备注
1	感官要求	色泽:呈乳白色、乳黄色、浅褐色或黄褐色,色泽均匀	取适量试样置于洁净白色瓷盘中,在自然光线下观察其色泽和组织形态,嗅其气味,用温开水漱口后品尝其滋味	
2		滋味、气味:具有乳香味,微酸,无异味		
3		组织形态:质地均匀,组织细腻,无正常视力可见的外来异物和霉斑		
4	理化指标	水分≤20.0%	GB 5009.3	
5		蛋白质≥40.0%	GB 5009.5	
6	真菌霉素限量	黄曲霉毒素 M_1 ≤0.5 μg/kg*	GB 5009.24	
7	污染物限量	铅(以 Pb 计)≤0.3 mg/kg	GB 5009.12	
8	微生物限量	大肠菌群	GB 4789.3 平板计数法	采样方案及限量按DBS15/007 中的要求
9		金黄色葡萄球菌*	GB 4789.10 平板计数法	
10		沙门氏菌*	GB 4789.4	
11		霉菌≤50 CFU/g	GB 4789.15	
12	标签	食品标签	GB 7718、GB 28050	应标注"民族特色乳制品"字样
13	其他	三聚氰胺≤2.5 mg/kg	GB/T 22388—2008	关于三聚氰胺在食品中的限量值的公告(2011 年第 10 号)
14		其他*	相应方法标准	如果有

注　检验项目中注有"*"标记的企业可做委托检验,应当每月检验 2 次。

表 11　生乳制民族传统奶制品黄油规定的检测项目与方法

序号	检测项目	检测项目	方法标准	备注
1	感官要求	色泽：呈均匀一致的乳白色、乳黄色或相应辅料应有的色泽	取适量试样置 50 mL 烧杯中，在自然光下观察色泽和组织状态。闻其气味，用温开水漱口，品尝滋味	
2		滋味、气味：具有稀奶油、奶油或相应辅料应有的滋味和气味，无异味		
3		组织状态：均匀一致，允许有相应辅料的沉淀物，无正常视力可见异物		
4	理化指标	水分 奶嚼口：无 黄油≤16.0%	黄油按 GB 5009.3 的方法测定	a：不适用于以发酵稀奶油为原料的产品。 b：非脂乳固体（%）=100%－脂肪（%）－水分（%）
5		脂肪 奶嚼口 10.0%，奶油 80.0%	GB 5413.6	
6		酸度^a 奶嚼口≤30.0 °T 黄油≤20.0 °T	GB 5009.239	
7		非脂乳固体^b 奶嚼口：无 奶油≤2.0%		
8	真菌毒素限量	黄曲霉毒素 M_1* ≤0.5 μg/kg	GB 5009.24	
9	污染物限量	铅（以 Pb 计）≤0.3 mg/kg	GB 5009.12	
10	微生物限量	菌落总数	GB 4789.2	采样方法及限量按 GB 19646 规定的要求
11		大肠菌群	GB 4789.3 平板计数法	
12		金黄色葡萄球菌*	GB 4789.10 平板计数法	
13		沙门氏菌*	GB 4789.4	
14		霉菌≤90 CFU/g	GB 4789.15	
15	标签	食品标签	GB 7718、GB 28050	
16	其他	三聚氰胺≤2.5 mg/kg	GB/T 22388—2008	关于三聚氰胺在食品中的限量值的公告（2011 年第 10 号）
17		其他*	相应方法标准	如果有

注　检验项目中注有"*"标记的企业可做委托检验，应当每月检验 2 次。

表12 生乳制民族传统奶制品酸奶子规定的检测项目与方法

序号	检测项目	检测项目	方法标准	备注
1	感官要求	色泽:色泽均匀一致,呈乳白色或微黄色	取适量试样置50 mL烧杯中,在自然光下观察色泽和组织状态。闻其气味,用温开水漱口,品尝滋味	
2		滋味、气味:具有发酵乳特有的滋味、气味		
3		组织状态:组织细腻、均匀,允许有少量乳清析出		
4	理化指标	脂肪[a]≥3.1g/100 g	GB 5413.6	a:仅适用于全脂产品
5		非脂乳固体≥8.1g/100 g	GB 5413.39	
6		蛋白质≥2.9g/100 g	GB 5009.5	
7		酸度 ≥70.0 °T	GB 5009.239	
8	真菌毒素限量	黄曲霉毒素 M_1* ≤ 0.5 μg/kg	GB 5009.24	
9	污染物限量	铅(以 Pb 计)≤0.05 mg/kg	GB 5009.12	
10		汞(总汞)≤0.01 mg/kg	GB/T 5009.17	
11		砷(总砷)≤0.1 mg/kg	GB/T 5009.11	
12		铬≤0.3 mg/kg	GB/T 5009.123	
13	微生物限量	大肠菌群	GB 4789.3 平板计数法	采样方法及限量按 GB 19302 规定的要求
14		金黄色葡萄球菌*	GB 4789.10 定性检验	
15		沙门氏菌*	GB 4789.4	
16		酵母≤100 CFU/g(mL)	GB 4789.15	
17		霉菌≤30 CFU/g(mL)		
18	乳酸菌数	乳酸菌数[a]≥1×10⁶ CFU/g(mL)	GB 4789.35	a:发酵后经热处理的产品对乳酸菌数不作要求
19	标签	食品标签	GB 7718、GB 28050	
20	其他	三聚氰胺≤2.5 mg/kg	GB/T 22388—2008	关于三聚氰胺在食品中的限量值的公告(2011年第10号)
21		其他*	相应方法标准	如果有

注 检验项目中注有"*"标记的企业可做委托检验,应当每月检验2次。

表 13　生乳制民族传统奶制品生产所需原料及包材涉及的主要标准

序号	国家标准	（原辅料）标准名称
1	GB 19301	生乳
2	GB 4805	食品罐头内壁环氧酚醛涂料卫生标准
3	GB 9682	食品罐头内壁脱模涂料卫生标准
4	GB 9683	复合食品包装袋卫生标准
5	GB 9685	食品容器、包装材料用添加剂使用卫生标准
6	GB 9687	食品包装用聚乙烯成型品卫生标准
7	GB 9688	食品包装用聚丙烯成型品卫生标准
8	GB 9689	食品包装用聚苯乙烯成型品卫生标准
9	GB/T 14251	镀锡薄钢板圆形罐头容器技术条件
10	GB/T 10004	包装用塑料复合膜、袋干法复合、挤出复合
11	GB 18454	液体食品无菌包装用复合袋
12	QB/T 4594	玻璃容器食品罐头瓶
13	GB 4806.1	食品安全国家标准　食品接触材料及制品通用安全要求
14	GB 4806.5	食品安全国家标准　玻璃制品
15	GB 4806.7	食品安全国家标准　食品接触用塑料材料及制品
16	GB 4806.9	食品安全国家标准　食品接触用金属材料及制品

附录2 食品安全地方标准 蒙古族传统乳制品生产卫生规范

1 范围
本标准适用于蒙古族传统工艺乳制品的生产。
蒙古族传统乳制品生产企业还应符合 GB 14881、GB 12693 的规定。

2 术语和定义

2.1 蒙古族传统乳制品
按照蒙古族传统制作工艺生产加工的具有地方特色的乳制品。

2.2 冷藏
指将食品或原料置于冰点以上较低温度条件下贮存的过程,冷藏温度的范围应在 0~10℃。

2.3 冷冻
指将食品或原料置于冰点温度以下,以保持冰冻状态贮存的过程,冷冻温度的范围应在 -20~-1℃。

2.4 过滤
分离悬浮在生乳中的固体颗粒的操作。

2.5 发酵
利用微生物分解有机物,使之生成或积累特定代谢产物,并产生能量的过程。可以是自然发酵或接种发酵。

2.6 干燥
从乳制品中除去水分的过程,可以是自然干燥或人工干燥。

3 选址和厂区环境

3.1 选址
应选择有给排水条件和电力供应的地区,不应选择对食品有显著污染的区域,距离饲养圈舍、粪坑、污水池、暴露垃圾场(站)、旱厕等污染源 25 m 以上。

3.2 厂区环境
使用小型天然气或电热锅炉设备的应与生产区域进行分隔。使用固体燃料,炉灶应为隔墙烧火的外扒灰式,避免粉尘污染食品。

4 厂房和车间

4.1 设计和布局

4.1.1 原料与成品、即食乳制品与非即食乳制品操作区域应分隔,防止交叉污染。

4.1.2 应设有原料贮存、发酵室(或发酵设施)、生产加工、半成品和成品贮存、包装、人员和工器具清洗消毒和更衣室等区域,合理布局。

4.1.3 应设置用于冷却、成型、包装生产的封闭式冷作间,室内装有空调设施和空气消毒设施。

4.2 建筑内部结构与材料

4.2.1 地面应采用耐磨、不渗水、易清洁的材料,地面平整无裂缝。

4.2.2 生产加工场所墙壁应用无毒、无异味、不透水、平滑、不易积垢、易于清洁的材料铺设到顶。

4.2.3 门窗应采用表面平滑、防吸附、不渗透,易于清洁消毒的材料;窗户应为封闭式,可开启的窗户应装有易于清洁的防虫害窗纱。

5 设施与设备

5.1 设施

5.1.1 食品加工用水的水质应符合 GB 5749 的规定,自备水源及供水设施应符合有关规定。

5.1.2 生产场所或生产车间入口处应设置更衣室;按需设置换鞋(穿戴鞋套)设施或工作鞋靴消毒设施。

5.1.3 即食乳制品操作区域入口设置洗手、干手和消毒设施;与消毒设施配套的水龙头其开关应为非手动式;洗手消毒设施附近应当有洗手消毒方法标识。

5.1.4 根据加工制作的需要,在适当位置配备相适宜的照明、通风、排水、温控等设施,并具备防尘、防蝇、防虫、防鼠以及存放垃圾和废弃物等保证生产经营场所卫生条件的设施。

5.2 设备

5.2.1 接触食品的各种设备、工具、容器等应由无毒、无异味、耐腐蚀、不易发霉且可承受重复清洗和消毒、符合卫生标准的材料(如不锈钢、保鲜盒等)制造。

5.2.2 接触即食乳制品与非即食乳制品的设备、工具、容器应能明显区分。

5.2.3 应配备专用的冷藏或冷冻设备(冰箱、冰柜等),冷藏、冷冻设备应有温度显示装置。

6 卫生管理

6.1 卫生管理制度

建立对保证食品安全具有显著意义的关键控制环节的监控制度,确保有效实施并定期检查,发现问题及时纠正。

6.2 厂房及设施卫生管理

生产加工环境(包括地面、排水沟、墙壁、天花板、门窗等)和设施应及时清洁,保持良好清洁状况。

6.3 食品加工人员健康管理与卫生要求

6.3.1 应符合国家相关规定对人员健康的要求,进入生产加工场所应保持个人、卫生和衣帽整洁,防止污染食品。

6.3.2 进入作业区域不应配戴饰物、手表,不应化妆、染指甲、喷洒香水;不得携带或存放与食品生产无关的个人用品。

6.3.3 使用卫生间、接触可能污染食品的物品、或从事与食品生产无关的其他活动后,再次从事接触食品、食品工器具、食品设备等与食品生产相关的活动前应洗手消毒。

6.4 虫害控制

采用物理、化学或生物制剂进行虫害消杀处理时,不应影响食品安全,不应污染食品接触表面、设备、工具、容器及包装材料;不慎污染时,应及时彻底清洁,消除污染。

6.5 废弃物处理

废弃物容器应加盖密闭。废弃物应日产日清,易腐败的废弃物应及时清除。清除废弃物后的容器应及时清洗,必要时进行消毒。

7 原料和包装材料的要求

7.1 食品原料

7.1.1 所使用的生乳应符合食品安全标准的规定。

7.1.2 生乳在挤出后 2 h 内生产加工,超过 2 h 生产加工的生乳应在 0~4℃贮存。

7.2 食品添加剂

7.2.1 采购食品添加剂应当查验供货者的许可证和产品合格证明文件。

7.2.2 食品添加剂应存放在单独的设施中,并应有专人管理,定期检查质量和卫生情况,及时清理变质或超过保质期的食品添加剂。

7.3 食品包装材料

7.3.1 采购直接接触产品的包装纸、盒及塑料薄膜等包装材料,应当查验产品的合格证明文件,实行许可管理的食品相关产品还应查验供货者的许可证。

7.3.2 包装材料的使用应遵照"先进先出""效期先出"的原则,合理安排使用。

8 生产过程的食品安全控制

8.1 产品污染风险控制

生乳加工前应进行过滤,对时间和温度有控制要求的工序,如发酵、加热、干燥等,应严格按照传统工艺要求进行操作。

8.2 生物污染的控制

操作台、加工设备、工器具用前应仔细检查是否符合卫生要求;使用后应清洁、消毒,并作好防护。发酵时应控制温度、时间、湿度,并定期对发酵室进行清洗和消毒,防止杂菌污染。

8.3 化学污染的控制

食品添加剂、清洁剂、消毒剂等均应妥善保存,且应明显标示、分类贮存;食品添加剂做好使用记录。

8.4 物理污染的控制

应通过采取设备维护、卫生管理、现场管理、外来人员管理及加工过程监督等措施,最大程度地降低食品受到玻璃、金属、塑胶等异物污染的风险。

8.5 包装

生产加工传统乳制品应密封包装,在正常的贮存、运输、销售条件下最大限度地保护食品的安全性和食品品质。

9 检验

9.1 原料检验

生乳应按食品安全标准对感官要求逐批检验,符合要求方可使用。

9.2 产品检验

乳制品应按食品安全标准对感官要求逐批检验,符合要求方可出厂或者销售。

9.3 委托检验

应委托有资质的食品检验机构对生乳和乳制品按食品安全标准进行检验,每年不少于一次。

10 产品的贮存和运输

10.1 应按食品安全标准规定的条件贮存,不得将食品与有毒、有害、或有异味的物品一同贮存运输。

10.2 贮存和运输过程中应避免日光直射、雨淋、显著的温湿度变化和剧烈撞击等,防止食品受到不良影响。

11 产品的追溯和召回

11.1 建立生乳、食品添加剂、包装材料进货记录台账的生产加工记录制度,记录内容应完整、真实、清晰、易于识别和检索。

11.2 当发现生产的乳制品不符合食品安全标准或存在其他不适于食用的情况时,应当立即停止生产,召回已经上市销售的食品,通知相关生产经营者和消费者,并记录召回和通知情况。

11.3 对被召回的食品,应当进行无害化处理或者予以销毁,防止其再次流入市场。